国家重点研发计划项目（2017YFC0603003）

国家自然科学基金项目（51804119、51574006、51774012、51874002、51674008）

深部巷道耦合承载区力学分析及分层支护控制研究

彭　瑞　赵光明　孟祥瑞　李英明　朱建明　欧阳振华　著

Shenbu Hangdao Ouhe Chengzaiqu

Lixue Fenxi Ji Fenceng Zhihu Kongzhi Yanjiu

中国矿业大学出版社

·徐州·

内 容 简 介

本书以深部巷道耦合承载区力学分析及分层支护控制为研究对象,综合运用岩石力学试验、数值仿真技术、理论研究和巷道模型试验以及工程实测等研究方法,提出深部巷道围岩"强-弱-关键"耦合承载区划分方法和参考标准,建立深部巷道围岩"强-弱-关键"耦合承载区力学模型,掌握"强-弱-关键"耦合承载区的承载范围形成和演化规律,对比分析"强-弱-关键"耦合承载区划分合理性,研究"强-弱-关键"耦合承载区力学承载特性,探讨"强-弱-关键"耦合承载区稳定性与巷道结构性破坏作用关系,分析"强-弱-关键"耦合承载区稳定性影响因素,提出巷道"强-弱-关键"耦合承载区稳定性分层支护控制方法,研究高水平应力下分层支护巷道支承结构稳定性与围岩结构性破裂发展特点,最后科学化定量设计巷道结构性失稳分层支护对策。

本书可供采矿工程及相关专业的科研与工程技术人员参考使用。

图书在版编目(CIP)数据

深部巷道耦合承载区力学分析及分层支护控制研究/
彭瑞等著.—徐州:中国矿业大学出版社,2019.6
　　ISBN 978-7-5646-3924-2

　　Ⅰ.①深… Ⅱ.①彭… Ⅲ.①巷道围岩—支承—研究
Ⅳ.①TD263

中国版本图书馆 CIP 数据核字(2018)第 053057 号

书　　名	深部巷道耦合承载区力学分析及分层支护控制研究
著　　者	彭　瑞　赵光明　孟祥瑞　李英明　朱建明　欧阳振华
责任编辑	王美柱
出版发行	中国矿业大学出版社有限责任公司
	(江苏省徐州市解放南路　邮编 221008)
营销热线	(0516)83884103　83885105
出版服务	(0516)83995789　83884920
网　　址	http://www.cumtp.com　**E-mail**:cumtpvip@cumtp.com
印　　刷	徐州中矿大印发科技有限公司
开　　本	787 mm×1092 mm　1/16　**印张 8　字数 205 千字**
版次印次	2019 年 6 月第 1 版　2019 年 6 月第 1 次印刷
定　　价	30.00 元

(图书出现印装质量问题,本社负责调换)

前　　言

随着煤矿进入超千米深部开采阶段,掌握深部开采巷道围岩力学支承结构的承载特性和失稳机理、制定合理的围岩控制技术措施,越来越受到煤矿企业的重视。但围岩力学承载区的划分方法、承载范围变化规律、力学承载特性及其与巷道结构性失稳之间作用关系、巷道结构性失稳支护控制方法等深层次问题亟待解决。

本书以深部巷道耦合承载区力学分析及分层支护控制为研究对象,综合运用岩石力学试验、数值仿真技术、理论研究和巷道模型试验以及工程实测等研究方法,提出深部巷道围岩"强-弱-关键"耦合承载区划分方法和参考标准,建立"强-弱-关键"耦合承载区力学模型,掌握"强-弱-关键"耦合承载区的承载范围形成和演化规律,对比分析"强-弱-关键"耦合承载区划分合理性,研究"强-弱-关键"耦合承载区力学承载特性,探讨"强-弱-关键"耦合承载区稳定性与巷道结构性破坏作用关系,分析"强-弱-关键"耦合承载区稳定性影响因素,提出巷道"强-弱-关键"耦合承载区稳定性分层支护控制方法,研究高水平应力下分层支护巷道支承结构稳定性与围岩结构性破裂发展特点,最后科学化定量设计巷道结构性失稳分层支护对策。主要进行以下相关研究工作:

深部巷道"强-弱-关键"耦合承载区力学承载机制。针对某千米深部巷道,选择稳定性较差的交岔点硐室展开研究。采用现场取芯和室内二次定角度取样等方法,进行不同方向岩石的力学性质试验。利用单/双弦式应力计,测试巷道开挖-支护过程中围岩次生应力场演化规律,提出围岩"强-弱-关键"耦合承载区力学模型划分方法,分析"强-弱-关键"耦合承载区承载范围变化特点;基于钻孔窥视掌握的围岩松动圈的形成和演化规律以及实测围岩"内-主"承载区承载结构特征,判定围岩"强-弱-关键"耦合承载区划分的合理性;采用数值分析法研究巷道开挖-支护过程中,围岩"强-弱-关键"耦合承载区的承载特征及其对巷道稳定性的影响,进而阐明深部巷道"强-弱-关键"耦合承载区的力学承载机制。

深部巷道"强-弱-关键"耦合承载区弹塑性力学理论研究。基于围岩"强-弱-关键"耦合承载区力学模型,推导巷道弹塑性破坏特征参数与围岩"强-弱-关键"耦合承载区之间力学作用方程;考虑深部岩石力学性质,选择合理的岩石本构模型;在巷道"开挖-支护"工程背景下,建立开挖卸荷效应围岩力学模型、"围岩-支护"耦合力学模型。通过算例分析,研究"强-弱-关键"耦合承载区稳定性与巷道破坏之间耦合作用机制,分析围岩"强-弱-关键"耦合承载区稳定性影响因素,阐明巷道结构性失稳机理。其中,"强-弱-关键"耦合承载区稳定性研究,包括围岩次生应力峰值点转移、应力集中程度和围岩强度劣化等。

深部巷道"强-弱-关键"耦合承载区稳定性分层支护控制效果。对应理论研究建立当量圆巷道模型,由理论研究提供的裸巷"强-弱-关键"耦合承载区结构特征,设计当量圆巷道分层支护方法。由数值模拟中直墙半圆拱裸巷"强-弱-关键"耦合承载区结构特征,设计相应的分层支护方法。利用 FLAC3D 对比模拟裸巷-原支护-分层支护下巷道"强-弱-关键"耦合承载区稳定性和围岩破坏特征,分析分层支护方案的合理性。

高水平应力下分层支护巷道力学模型试验。采用巷道力学模型试验,分别设计当量圆、直墙半圆拱巷道的力学模型。通过自制平面应力模拟实验台,实现高水平应力加载,研究高水平应力对裸巷"强-弱-关键"耦合承载区稳定性和围岩结构性破裂发展的不利影响,根据裸巷"强-弱-关键"耦合承载区的承载结构特征设计分层支护方案,研究分层支护对于限制高水平应力引起的巷道"强-弱-关键"耦合承载区失稳和围岩结构性破裂发展的效果。

深部巷道工程实践。由现场实测获得的围岩应力场和围岩力学性质,掌握了裸巷"强-弱-关键"耦合承载区结构特性,定量设计分层支护方案和支护参数,分析分层支护控制承载结构稳定性效果。采用深-浅位移观测和钻孔窥视方法,判断原支护和分层支护下围岩的承载区稳定性、松动圈形态分布、围岩弹塑性位移分布,判断改进的分层支护合理性。

本书的出版得到了华北科技学院防灾减灾工程及防护工程的校重点学科经费的资助以及中国矿业大学出版社相关编辑的帮助,一并表示感谢!

由于笔者水平所限,书中难免存在缺点和不足之处,恳请各位读者批评指正。

著　者

2019 年 3 月

目 录

1 绪 论

1.1 选题的背景和意义

1.1.1 煤炭深部开采发展趋势

煤炭作为我国一次能源消费主体,预计到 2020 年,全国需求总量高达 48 亿吨[1]。目前国外矿产资源主产国的开采深度分别是:1 200 m(波兰)、1 400 m(德国)、1 550 m(俄罗斯)、2 400 m(印度)、3 800 m(南非)。

随着我国浅部煤炭资源采出,并以 10～25 m 的速度向深部发展[2-3],在未来 20 年内我国很多煤矿将进入 1 000～1 500 m 的开采深度。我国目前 2 000 m 埋深范围内[4],煤炭资源总量达到 5.57×10^4 亿 t,其中 1 000 m 以下的煤炭资源丰富,大约为 2.95×10^4 亿 t,可以预计深部煤炭在我国未来能源构成中将处于主导地位,煤炭走向深部开采的发展趋势不可避免。

1.1.2 深部巷道失稳机理与稳定性控制研究趋势

浅部煤炭开采时,其巷道在掘进过程中,由于受到上覆岩层压力和开挖次生应力扰动,以及围岩自身的强度弱化影响,极易发生局部冒顶和片帮事故。

传统的围岩弹塑性力学,将巷道失稳归结为软岩的变形和硬岩脆性损伤等因素,利用该研究方法分析围岩破坏的影响因素(如围岩应力场分布、塑性区范围和弹塑性位移),在一定程度上可以判断浅部巷道稳定性。随着煤炭进入深部开采阶段,越来越多的棘手问题出现了[5-11],如在高应力下深部软岩表现出强烈的峰后应变软化和剪胀扩容特性,深部硬岩表现出强烈的脆性损伤特性,使得巷道围岩承载能力降低,矿山压力显现强烈。在高地应力特别是高水平应力作用下,深部巷道开挖卸荷[12-14]围岩失稳严重,如软岩巷道呈现整体大变形结构性破坏,硬岩巷道则呈现结构性断裂破坏,且破坏前变形不大。

深部巷道围岩岩性不一、地应力分布复杂,且传统的岩石弹塑性力学理论很难解释清楚,这增加了深部巷道结构性失稳机理研究的难度。同时,依靠经验法设计的支护方案,很难维持住深部巷道稳定性,从而导致深部巷道维护变得相当困难。

总之,由于很难掌握深部巷道结构性失稳机理,并设计出合理的结构性失稳支护方案,深部巷道的初始支护效果往往不理想,有的矿区深部巷道支护成本超过 2 万元/m,且返修率较高,甚至长期无法使用,从而给深部开采带来巨大经济损失和安全生产隐患。

1.1.3 深部巷道围岩力学承载区研究意义

在研究深部巷道结构性失稳机理时,以往学者们将其归结于软岩大变形和硬岩脆性损伤,虽然大变形和损伤分别是导致深部软岩和硬岩破坏的直接因素,但很难据此阐明深部巷道结构性失稳机理,也很难提出合理的巷道结构性失稳支护控制技术,从而导致传统的围岩弹塑性力学理论研究已经严重滞后于深部巷道工程实践。究其原因如下:

(1)在选择合理的岩石本构模型时,需考虑深部软岩和硬岩巷道的破坏条件和特征不一。

(2)在进行围岩弹塑性力学分析时,需深入了解深部巷道围岩工程力学特性。

(3)需从围岩-支护所形成的力学承载结构角度,来阐述深部巷道结构性失稳机理。

(4)在围岩力学算法中,需考虑深部巷道开挖-支护工程,并建立相应的开挖卸荷"面效应力"和"围岩-支护"耦合力学作用模型。

(5)需深入探讨深部巷道结构性破坏特性、围岩力学承载区和巷道支护方案设计三者之间关系,并说明其对阐明巷道结构性失稳机理、提出合理支护方案的意义。

近些年来,学者们围绕围岩力学承载区展开研究,并从这个角度阐述巷道结构性失稳机理,取得了一系列成果,如松动圈理论[15-19],"关键"承载区[20-21]、"主-次"承载区[22]、"内-外"承载区[23-24]、叠加拱承载区[25]、深浅承载区[26]和连续双壳[27-28]等概念,其中松动圈理论已经在矿山中得到应用,并取得了良好的效果。

虽然学者们提出的承载区名称不同,但都认为围岩力学承载区是决定巷道失稳的重要因素,是支护方案设计的可靠依据。基于上述原因,有必要选定深部不同岩性巷道作为研究对象,深入开展深部巷道开挖卸荷和支护加固作用下围岩承载区的应力场、位移场和裂隙场演化规律的研究,探讨承载区的力学承载机制和相互作用机理,在承载区体系下构建支护体-围岩结构关系,提出深部巷道分层支护方案,从而阐明深部巷道结构性失稳机理,科学定量地设计结构性支护方案。

1.2 研究现状及其评述

目前,阐明巷道结构性失稳机理和提出合理的围岩稳定性控制方法,需要基于围岩弹塑性力学理论,并结合巷道围岩力学承载区理论和围岩-支护联合控制方法等。

1.2.1 巷道围岩弹塑性力学研究现状

围岩弹塑性力学分析,离不开岩石本构模型、围岩力学算法和巷道破坏影响因素等方面的研究,下面将结合这三个方面进行介绍。

(1)岩石本构模型研究现状

① 峰值点处岩石强度准则。自19世纪以来,岩石力学界针对岩石破坏方式,展开了广泛的探讨和研究,得到了较多的破坏准则表达式,其中具代表性的岩石强度准则如下:首先,认为岩石破坏是由于剪应力达到最大值,此时沿某一剪切面发生破坏,称为单剪强度准则,主要有 Tresca 准则[29]、Mohr-Coulomb 准则[30]以及 Hoek-Brown 准则等[31]。其次,认为构成岩石屈服面呈八面体状,作用了3个主剪应力,称为八面体准则,我国很多学者习惯称为三剪强度准则,主要有 Von-Mises 准则[32]和 Drucker-Prager 准则[33]。最后,我国学者俞茂宏[34]认为三剪强度准则中3个主剪应力只有两个是独立的,通过对三剪强度准则表达式重新定义和推导,提出了双剪强度准则,其代表性成果有统一强度准则、加权双剪强度准则。

② 软岩峰后软化-扩容本构模型。其中,软化本构模型:在高应力下岩石受力超过应力

强度时,内聚力 C 和内摩擦角 φ 会在一定程度上降低。早在 20 世纪 80 年代,袁文伯等[35]、马念杰等[36]、付国彬[37]发现巷道开挖后围岩会出现线性软化,对其稳定性有较大影响;而潘岳等[38-39]则从非线性软化角度分析,主要的方法是将加载后岩石"应力-应变"关系曲线简化为弹性-线性软化-残余力学模型,即三线段力学模型,岩石峰后应变软化特性用软化模量 M 来表示,其本构方程为式(1-1)。扩容变形模型:在岩石达到峰值强度后,往往会发生与应变有关的体积扩容现象。范文等[40]、姚国圣等[41]、K. H. Park 等[42]、X. L. Yang 等[43]认为岩体的软化和扩容,是导致软岩巷道大变形和围岩承载能力下降的主要原因。其扩容方程为式(1-2)。

$$\sigma = \begin{cases} E\varepsilon & (\varepsilon \leqslant \varepsilon_c) \\ E\varepsilon_c - M(\varepsilon - \varepsilon_c) & (\varepsilon_c \leqslant \varepsilon_s) \\ \sigma_c^* & (\varepsilon > \varepsilon_c) \end{cases} \tag{1-1}$$

式中,M 为软化模量。

$$\begin{cases} d\varepsilon_r^p = d\lambda \dfrac{\partial G}{\partial \sigma_r} = -d\lambda \dfrac{1 + \sin \psi}{1 - \sin \psi} \\ d\varepsilon_\theta^p = d\lambda \dfrac{\partial G}{\partial \sigma_\theta} = d\lambda \end{cases} \tag{1-2}$$

式中,塑性势函数 G 与屈服函数 F 表达式一致;ψ 为剪胀角。

③ 硬岩峰后损伤弹-脆性本构模型。K. H. Park 等[44]认为硬岩破坏往往表现出峰后力学-变形特性,即强度损伤,即便在深埋巷道中,也会有损伤断裂现象发生;李忠华等[45]基于线性损伤模型研究不同地压条件下巷道的应力场;张小波等[46]基于非线性损伤模型研究巷道围岩的统一准则解。其中,对于弹性-Bui 塑性损伤模型,在单轴压缩条件下,其损伤变量为式(1-3)和式(1-4)。

$$D = \begin{cases} 0 & (\varepsilon \leqslant \varepsilon_c) \\ \dfrac{\lambda}{E}\left(\dfrac{\varepsilon}{\varepsilon_c} - 1\right) & (\varepsilon > \varepsilon_c) \end{cases} \tag{1-3}$$

由 J. Le maitre 应变等价性假说,可知有效应力关系式为:

$$\sigma = \frac{\sigma}{1 - D} \tag{1-4}$$

式(1-3)中,λ 为降模量。

(2) 围岩力学算法研究概况

由 Haim 等提出的古典压力理论[47]可知,巷道破坏是上覆岩层重力所导致的,利用侧压系数来区别。随着巷道埋深的增加,Terzaghi 等认为古典压力理论不能解释深部巷道破坏原因,于是提出了散体压力理论,认为围岩破坏是覆岩中破坏散体所导致的,而围岩自身有一定的承载能力[48]。Kastner[49]结合传统的矿压理论和弹-塑性力学理论,将岩石强度准则和薄壁圆板力学模型以及胡克本构模型,通过微单元力学方法,结合几何变形方程,得出围岩中微单元的力学-变形解析式,初步形成了严谨的围岩力学-变形解析方法。20 世纪 60 年代后,Fenner 公式及其修正公式相继出现,提出了"围岩-支护"共同作用概念,认为支护可以限制巷道围岩塑性区的发展,并承担塑性区形成过程中所产生的弹塑性变形压力。随后越来越多的科研工作者,展开了孜孜不倦的研究,主要有:袁文伯等[35]、马念杰等[36]、范文等[40]、姚国圣等[41]基于线性"弹性-软化-残余"模型而展开的研究;潘岳等[38-39]、崔岚等[50]、万志军等[51]基于非线性本构模型展开的研究;陈立伟等[52]、潘阳等[53]、张小波等[54]、彭瑞等[55]考虑了非均匀原岩应力场的作用;侯公羽等[56 57]、彭瑞等[58]恰当地处理了巷道支护反力的存在时机,并针对"开挖-支护"引起的"空间效应"展开了讨论;孙钧[59]、齐明山等[60]、赵旭峰等[61]、曹文贵等[62]、梁正召等[63]考虑了损伤-软化两种岩石力学模型的"流变"时间效应。

针对围岩力学解析方法已有较多研究成果,归纳为以下几个方面:① 探讨深部巷道开挖面引起的"面效应力"。即在巷道开挖后,开挖面一定范围内围岩的弹塑性变形与应力重分布都将受到开挖面的限制,从而使得围岩弹塑性变形释放、应力重分布不能立即完成,称为开挖卸荷"面效应力"。② 探讨锚杆支护存在时机和方式。正确处理巷道开挖-支护过程中围岩力学关系,对于弄清巷道围岩变形破坏机理很重要。处理这个问题,其中一个难点就在于搞清支护存在时机和方式。首先,需要确定支护存在时机,支护往往滞后开挖,所以以往薄壁圆板力学模型就不再适用,需要根据开挖-支护过程,分别建立合适的围岩力学模型。其次,关于支护作用方式,在事先不知道锚杆作用区域时,可假设锚杆的锚固端位于围岩破碎区内,则破碎区分为锚固区和非锚固区,通过修正"平衡微分方程"来满足支护区围岩力学关系。③ 考虑巷道"开挖-支护"扰动下次生应力处理方法。一些学者对卡斯特纳的经典弹塑性求解方程存在一定异议,主要分歧在于弹性阶段支护力的处理。

（3）围岩稳定性影响因素研究现状

以往学者认为围岩弹塑性破坏特性是深部巷道失稳的机理,在理论研究中关于巷道破坏的影响因素分析,主要有以下几个方面:① 围岩次生应力场研究。深部巷道失稳根本原因是次生应力扰动,很多学者[64-69]提出应力场控制理论,即认为应力场维系整个围岩的稳定性。因此,掌握围岩次生应力分布特征,对于维护巷道稳定的意义较大。由于巷道"开挖-支护"工程引起次生应力场重新分布,所以在研究工程问题时,需要掌握次生应力场分布规律,进而分析围岩承载稳定性。② 围岩弹塑性位移场研究。工程界一直认为大变形是巷道破坏的直接原因。所以研究弹塑性位移分布,是判断开挖面支护前、后围岩稳定性的最直观方法之一,一些学者[70-75]根据不同岩石本构模型推导出围岩变形公式,还有一些学者[76-77]通过改进围岩力学算法获得不同的围岩力学-变形表达式。③ 围岩塑性区分布研究。最能体现围岩破坏特性的是围岩塑性区分布,根据塑性区范围可知其破坏程度和发展趋势,而关于塑性区的研究成果也较多,学者们[78-81]通过研究各种因素对围岩塑性区的影响,设计巷道支护控制方法。求解围岩塑性边界线,对于掌握劣化后围岩强度很重要,可以借助其范围判断"开挖-支护"过程中围岩稳定性,结合围岩承载区特征,定量设计巷道支护方案。

1.2.2 巷道围岩力学承载区研究现状

巷道弹塑性破坏特征是判断浅部巷道失稳与否的依据,但很难据此阐明深部巷道结构性失稳机理。近些年来,学者们通过理论分析、数值模拟和工业试验等方法,从围岩力学承载区破坏角度出发,阐述巷道结构性失稳机理。

（1）承载区理论研究现状

早在 20 世纪初就出现了太沙基理论和普氏压力拱理论[82-83],其认为覆岩塌落拱内的松动岩体重力为作用在"围岩-支护"结构上的力。1934 年,新奥法主要创始人 L. V. 拉布采维茨[84]认为,充分利用围岩的自承能力和开挖面的空间约束作用,能让支护结构与围岩体形成承载环,而围岩自承能力成为承载环稳定性的决定因素。随着研究深入,越来越多的学者认为围岩发挥自身自承能力,在巷道稳定性维护中显得越来越重要,而支护只能承担较小部分压力,主要作用是调动围岩自身承载能力。国内一些学者还尝试着根据围岩次生应力场中切向应力分布,划分围岩力学承载区。如康红普[20-21]根据切向应力集中现象提出主要承载圈理论,认为任何巷道围岩内均存在着"主要承载圈",承载圈承受应力越大、厚度越小、分布不规律、离巷壁越远,巷道越不易维护。康红普院士根据圆形巷道的弹塑性应力分布特征,认为切向应力 1.5 倍以上的应力范围为"主要承载圈",推导了峰值点在巷壁、围岩内部等情况下主要承载范围的表达式,并分析了岩石抗剪强度参数、埋深等影响。

方祖烈[22]认为拉-压应力分布是软岩巷道围岩力学形态变化的一个重要特征,根据此特征提出"主-次承载区"协调作用理论,其中主承载区处于压缩状态,次承载区为张拉状态(需要支护加固),主-次承载区的协调作用决定了巷道围岩的最终稳定性。通过实测和相似模拟试验方法,认为围岩力学形态为张拉域和压缩域交替存在,进而提出"主-次承载区"协调作用的概念,其中压缩域为主承载区。田永山[85]提出"圈状围岩承载区",它由内向外依次划分为:压密承载区、可塑性流动变形区、原岩应力稳定区。余伟键等[25]根据深埋软弱围岩的"锚喷网+锚索"支护方式,提出由锚杆、密集锚索支护分别构成的"主-次压缩拱",即叠加拱的承载力学模型。通过理论方法推导"锚网喷+锚索"联合支护在巷道围岩力学中的具体体现,同时分析联合支护形成承载区受各因素的影响程度。李树清等[23-24]根据围岩次生应力场分布,将围岩划分为"内-外承载区",认为破碎区中应力低于原岩应力的区域为"内承载区",高于原岩应力的弹性区域为"外承载区",根据内-外承载区的力学-变形特性,通过理论方法研究内-外承载区的稳定性。

(2) 承载区稳定性数值模拟研究现状

李树清利用软件研究围岩承载区在深-浅巷道中的不同之处,同时分析了支护阻力对承载区的影响。认为支护能够限制岩石强度软化,提高围岩自承能力,实现深部巷道承载稳定。惠功领等[86]利用 ANSYS 软件并采用围岩渐进破坏计算方法,研究支护与否对围岩承载区演化规律影响。针对深部巷道的变形特点,提出采用围岩渐进破坏的计算方法,通过模拟软件的二次开发,编制了有限元程序计算围岩渐进破坏,然后根据平煤四矿地质资料建立模型进行计算分析;获得了有、无支护情况下顶板应力的变化过程,并结合帮部应力综合分析了围岩承载区的演化规律。由此说明:深部巷道需运用动态支护施工进行优化,并且注意对关键部位加强支护,从而实现深部巷道的长期稳定。

孙晓明等[87]根据巷道"开挖-支护"过程表现出的非线性力学特征,运用 FLAC3D 模拟锚网索联合支护的时空规律,试图寻找二次支护的最佳时机。同时孙晓明等[88]利用 FLAC3D 解释了深部软岩巷道的"围岩-支护"在强度、刚度和结构上耦合作用的意义。王连国等[89]在深部软岩巷道中利用数值模拟研究了锚注支护效果,并取得了一系列有意义结论。孙玉福[90]考虑水平应力对巷道稳定性的影响。Q. B. Meng 等[91]考虑围岩塑性区、岩层移动演化规律,利用数值软件模拟巷道失稳机理,并提出支护对策。

(3) 承载区相似模拟试验研究现状

相似模拟试验是地下工程研究的主要手段之一,关于巷道"加载-开挖-支护"方面的研究也有很多,主要是分析试验条件对巷道破坏方式的影响,如张益东等[92-93]通过相似模拟方法,研究锚固复合承载区特性受支护和巷道断面的影响。勾攀峰等[94]利用自行研制的YDM-E 型物理模型实验系统,通过改变不同水平应力,研究"无支护-锚杆支护"条件下巷道围岩变形破坏特征。张明建等[95]通过相似模拟试验研究"锚网索喷+U 型棚"支护在不同水平应力作用下巷道围岩各项安全性评价指标的变化规律。杨本生等[27-28]在详细分析深部巷道围岩变形特征的基础上,提出深部巷道连续双壳加固理念,并分析双壳加固机理;认为深部巷道变形破坏严重,传统支护难以保证巷道稳定。通过相似材料模拟试验,对不同采深条件下裸巷、锚杆支护巷道、连续双壳支护巷道围岩变形及应力分布规律进行研究。结果表明:随采深增大,裸巷围岩发生大面积破坏,不能自稳;锚杆支护巷道锚固区以里深部围岩继续发生离层破坏,巷道存在潜在破坏危险;连续双壳支护巷道只在巷帮浅部发生局部剪切破坏,围岩稳定性好。

(4) 承载区工程实测研究现状

H. P. Kang 等[96]指出工程实践中关于围岩承载区研究,主要依靠松动圈测试,这是由于松动圈测试对于判断巷道"开挖-支护"过程中围岩承载稳定性、指导合理的支护设计起到了至关重要的作用。目前,关于深部巷道松动圈测试主要的方法有:

① 钻孔窥视仪测试。是利用摄像技术和图像处理方法结合的围岩松动圈测试系统,20世纪末,董方庭教授等避开复杂的岩石力学理论分析,利用深孔窥视和矿压观测等现场测试方法提出了松动圈理论[15-16],该理论认为巷道支护的主要对象是松动圈扩展过程中岩体的碎胀变形和碎胀力,而松动圈的稳定性受地压、岩石强度影响较大,该理论为复杂软岩工程的支护方案设计提供了依据。靖洪文等[97]研制了全景数字钻孔摄像仪,提出用围岩裂缝的圆形度指标作为松动圈判断指标,并在深部巷道中成功应用;康红普等[98]利用钻孔窥视仪对几个典型矿井进行测试,直观、有效、快速地获得了相应煤岩体的钻孔形态和结构面分布特征;张农等[99]通过钻孔窥视仪对深部软岩巷道的二次支护中注浆效果进行观测,得到了有效注浆范围的内-外围岩形态。② 声波法测试。是目前较为成熟的一种测试方法,根据声音在岩石中传播会由于岩石的致密性和完整性的不同而产生差异,李玉文等[100]利用单孔声波法测试巷道围岩松动圈,进而指导支护设计;随后曹平等[101]使用水做耦合剂并采用声波单孔探测法测试深部巷道围岩,进而解释巷道发生底鼓原因以及支护的作用。③ 多点位移计测试。是利用围岩不同深度位移的变化趋势不一,判断松动圈的范围,柳厚祥等[102]通过预埋多点位移计,根据"各点变形量-时间"关系和"累计变形量-径向距离"关系判断松动圈范围。④ 地质雷达测试。是一种无损测试技术,利用仪器表面发射的高频电磁波在围岩内部界面上的反射波来探测裂缝的位置,郭亮等[103]通过地质雷达测试偏压隧道的松动圈范围,为隧道的开挖、支护和施工提供支持;伍永平等[104]等由地质雷达测试的松动圈范围,为急倾斜巷道断面形状设计提供依据;徐坤等[105]通过对比单孔声波法与地质雷达测试,结合数值模拟得出地质雷达测试与声波法较吻合,但在富水区存在一定误差。

1.2.3 巷道稳定性支护控制方法研究现状

深部巷道支护中应用最多的是锚杆、锚索和注浆以及架棚,根据传统的"悬吊理论、组合梁理论、组合拱理论、最大水平应力理论",众多学者针对实际生产中出现的巷道支护问题,提出了较多可供参考的支护新技术,本书主要介绍锚杆、锚索、围岩注浆等联合支护方法,依据支护加固区域进行如下介绍。

(1) 巷道顶板支护控制

煤巷中顶板支护的研究成果较多,特别是针对复合顶板煤巷支护[106-107]的研究较成熟,学者们通常采用的方法是梯级支护。柏建彪等[108]以复合顶板极软煤层巷道为研究对象,分析该类巷道围岩破坏特点,提出运用注浆及锚杆支护控制围岩稳定、加强顶板支护强度、充分利用围岩自身承载能力的支护原理。姚强岭等[109]针对煤巷开挖和支护过程中泥岩顶板遇水引起顶板冒顶的特点,分析该类顶板易于发生冒顶的机理,提出采用有控疏水、合理保水及高预紧力锚杆(索)网带支护相结合的围岩控制技术。苏学贵等[110]针对特厚松软复合顶板易发生大面积冒顶事故特点,分析其结构形态与破坏特征,提出浅部岩层锚杆组合梁与深部岩体锚索承载拱的支护方法。康红普等[111-112]认为锚杆支护在于控制锚固区内岩石扩容变形与破坏,研究了煤巷锚杆支护的成套技术,在实践中取得良好的效果。张农、李桂臣等[113-114]针对煤巷不稳定顶板,提出了一系列顶板离层控制方法和高预应力强化围岩技术。

（2）巷道底板支护控制

在深部巷道中底鼓是经常出现且较难治理的难题之一,目前治理底鼓的主要方法是通过锚杆、锚索强化围岩强度、围岩注浆、加固帮-角关键部位等方式。例如:柏建彪等[115]利用理论分析、数值计算、钻孔窥视等方法,发现采动巷道底鼓的"两点三区"特征,据此提出采动巷道底鼓控制重点是加固破碎底板,实现改良底板岩性,尽量减小底板自由面积,控制水平应力对底鼓的影响。康红普等[116]在分析底板岩层稳定性的基础上,指出设计底鼓支护方法时,重点支护岩层的压曲、扩容和膨胀。孙玉宁等[117]研究半煤岩软底巷道底鼓控制技术时,提出通过锚注加固底板,提高底板岩体的强度和承载能力、限制半煤岩软底巷道的底鼓变形。汪健民[118]通过研究轨道上山底鼓严重机理,提出反悬拱锚注支护,通过现场试验发现,反悬拱锚注支护技术可以有效地控制软岩巷道底鼓。伍永平等[119]通过"锚网喷砌碹-反底拱-底锚杆-钢筋网"联合支护技术,成功地控制住底鼓较为严重的深部巷道。李和志等[120]通过分析巷道底鼓产生原因,提出在巷道两帮打入水平锚杆用以防止软岩巷道底鼓现象的方法,并分析该支护方法的可靠性和优缺点。刘泉声等[121]提出"底板超挖、高强度预应力锚索、深孔注浆、底脚-拱角锚杆和回填"方法综合治理高应力破碎巷道底鼓。

（3）巷道整体承载控制

针对深部巷道,一些学者认为区域加固往往很难控制住巷道结构性失稳发展趋势,于是提出巷道整体承载控制概念。其中,孔恒等[122]根据围岩动态监测与反馈的基本原理,提出了由"关键-次生加固-准塑性"承载区组成的岩体锚固的承载区。何满潮等[123]根据大量的现场实测,提出了软岩大变形控制技术,并在现场得到较好的应用。侯朝炯等[124]提出了围岩强度强化理论,认为锚杆与围岩形成统一的承载区,锚固作用是提高锚固区力学参数,改变围岩应力状态,增加围压,提高围岩的承载能力。董方庭等[15]根据围岩松动圈概念,提出划分不同类型松动圈,根据不同类型松动圈给出相应的支护方法,如表1-1所示。

表 1-1   **不同岩性围岩对应的支护方案**

围岩分类	围岩松动圈范围/cm	分类名称	支护方式	备 注
Ⅰ	0～40	稳定围岩	喷混凝土	围岩整体性好,可不支护
Ⅱ	40～100	较稳定围岩	短锚杆喷混凝土	料石碹可支护
Ⅲ	100～150	一般围岩	一般锚喷支护	刚性支护有一定破坏
Ⅳ	150～200	软岩	锚网喷	刚性支护大面积破坏
Ⅴ	200～300	较软围岩	锚网喷	围岩变形有稳定期
Ⅵ	＞300	极软围岩	待 定	围岩变形无稳定期

1.2.4 研究现状评述

针对围岩弹塑性力学理论、围岩力学承载区理论和巷道支护控制方法研究,所获得的成果较多,但不免存在以下问题。

(1) 巷道弹塑性力学理论研究评述

① 岩石本构模型。学者们采用不同塑性势做过相关研究,无论是针对软岩四线段力学模型,还是硬岩损伤力学模型,都取得了较多研究成果。但在巷道开挖-支护工程背景下,综合考虑软化-破裂、损伤本构模型对深部巷道影响的相关研究较少。② 围岩力学算法。围岩力学算法研究较成熟,但以下几个问题还是值得商榷:在建立巷道平面力学模型时,需要考虑巷道开挖-支护工程影响,分别建立相应的围岩力学模型。有关锚杆支护力存在时机和方式的处理,在巷道开挖-支护阶段支护力存在时机和方式有较大争议,一些学者提出开挖阶段产生"面效应力",导致变形无法立即释放,无形中提供了地压相反方向阻力,并命名为"虚拟支护阻力";在支护阶段,学者们认为锚杆、锚索提供的锚固力和预紧力与"虚拟支护阻力"共同组成巷道内壁的支护力,所以需要结合巷道开挖-支护工程,恰当地处理支护力存在时机和作用方式。"围岩-支护"耦合力学模型建立,以往学者将支护力按照常数来处理,受到较多的质疑,主要是忽略了"围岩-支护"耦合力学单元。硬岩开挖损伤区次生应力场求解,往往将损伤因子中变量按常数处理,导致其结果与现实存在一定误差,而如果考虑损伤因子中变量,则会使微分方程转变成非齐次方程,求解难度较大。

(2) 巷道围岩力学承载区研究评述

从围岩力学承载区稳定性角度来阐述巷道结构性失稳机理,较围岩弹塑性力学分析更加合理。其中,董方庭提出围岩强度劣化所形成的松动圈,结合支护形成了承载区,并提出多种松动圈测试手段:钻孔窥视、多点位移计和地质雷达等技术,且在现场应用较为广泛。虽然松动圈测试能够较直观判断围岩承载区的裂隙发育,但忽略了围岩次生应力影响,因此缺乏严谨的力学分析。康红普、李树清和方祖烈等虽然考虑了切向应力集中影响,但没有重视开挖后围岩强度劣化、剪应力分布等对围岩力学承载区形成和稳定性影响。同时,针对围岩力学承载结构的承载机制、稳定性影响因素及其与巷道破坏特性耦合作用机制,以及对定量设计支护指导意义等问题亟待解决,导致所获结论很难在工程中广泛应用。

(3) 巷道稳定性支护控制方法研究评述

无论是针对围岩局部控制技术的巷道顶板、底板支护,还是巷道整体承载加固方法,往往是依据经验法来定性设计的,采用"锚-网-喷-索-注"联合支护技术,通过减小支护间排距,即密集支护方法,提供支护强度。但由于缺乏理论依据,很难从根本上解决深埋巷道结构性失稳问题。本书更加重视理论研究对深部巷道结构性失稳支护设计的指导意义,强调深部巷道整体承载加固的重要性,即假定开挖后巷道围岩为不连续的岩体,结合次生应力场分布将围岩力学承载区看作复合结构,可借鉴煤巷中软弱复合顶板的梯级支护原理,并依据围岩力学承载区特点,定量设计巷道结构性支护控制方法。

综上所述,需要将深部巷道弹塑性破坏特征、围岩力学承载区和支护控制方法三者相结合,深入探讨围岩力学承载区的形成和承载机制,研究围岩承载区力学作用机制及其稳定性影响因素,提出围岩力学承载区稳定性支护控制方案,研究围岩结构性支护方案的效果,以及其对限制高应力特别是高水平应力引起的巷道力学承载区失稳、围岩结构性破裂发展的作用效果,进而阐明深部巷道结构性失稳机理,提出合理的结构性支护控制方案。

1.3 本书研究目的和主要研究内容

1.3.1 研究目的

(1) 掌握深部巷道"强-弱-关键"耦合承载区力学形态和划分方法,分析围岩"强-弱-关键"耦合承载区承载范围变化规律,验证"强-弱-关键"耦合承载区划分合理性,研究"强-弱-关键"耦合承载区力学承载特性对巷道稳定性影响规律,揭示深部巷道"强-弱-关键"耦合承载区力学承载机制。

(2) 建立围岩"强-弱-关键"耦合承载区力学作用模型,掌握深部巷道"强-弱-关键"耦合承载区与巷道弹塑性破坏耦合作用机制,分析"强-弱-关键"耦合承载区的稳定性影响因素,深入阐明深部巷道结构性失稳机理。

(3) 建立深部巷道"强-弱-关键"耦合承载区稳定性分层支护控制方法,分析深部巷道结构性失稳分层支护控制体系的支护效果。

(4) 在高水平应力下建立巷道结构性失稳分层支护方法,分析其对于提高深部巷道耦合承载区稳定性和控制围岩发生结构性破坏的效果。

(5) 在工程实践中,验证深部巷道耦合承载区失稳发生机理及其定量分层支护控制效果。

1.3.2 研究内容

(1) 深部巷道"强-弱-关键"耦合承载区力学承载机制

掌握深部巷道工程力学性质,分析围岩"强-弱-关键"耦合承载区结构特征和划分方法,研究围岩耦合承载区承载范围的形成和演化规律,研究围岩耦合承载区结构划分合理性,分析围岩耦合承载区力学承载特性对巷道稳定性影响规律,阐明深部巷道耦合承载区力学承载机制。

(2) 深部巷道"强-弱-关键"耦合承载区弹塑性力学理论研究

建立围岩"强-弱-关键"耦合承载区力学模型,研究巷道耦合承载区稳定性与巷道破坏特性耦合作用关系,分析巷道耦合承载区稳定性影响因素,阐明围岩耦合承载区破坏是巷道结构性失稳原因。其中,围岩耦合承载区与巷道破坏特性耦合作用关系研究,包括耦合承载区的各承载区范围变化对巷道塑性区范围、围岩塑性位移分布的影响。耦合承载区稳定性研究,包括围岩次生应力峰值点转移、应力集中程度和围岩强度劣化等。

(3) 深部巷道"强-弱-关键"耦合承载区稳定性分层支护控制效果

掌握深部巷道结构性失稳分层支护控制原理,研究当量圆巷道和直墙半圆拱巷道耦合承载区稳定性、围岩破裂发展规律和塑性位移分布,掌握不同断面裸巷稳定性分层支护方法,分析分层支护设计的合理性。

(4) 高水平应力下分层支护巷道力学模型试验

研究高水平应力作用下当量圆、直墙半圆拱裸巷的耦合承载区力学承载特性和围岩结构性破裂发展规律,掌握高水平应力下不同断面形状巷道结构性失稳分层支护控制方法,分析分层支护对于控制高水平应力下不同断面巷道耦合承载区承载稳定性、限制围岩结构性破坏的支护效果。

（5）深部巷道工程实践

掌握深部开挖巷道结构性失稳分层支护控制方案和支护参数,研究"开挖-原支护-分层支护"方案下,深部巷道围岩承载区稳定性、松动圈形态和弹塑性位移分布,阐明深部巷道结构性失稳机理,并提出科学化支护控制方案。

1.4　本书主要研究方法及技术路线

1.4.1　研究方法

（1）深部巷道"强-弱-关键"耦合承载区力学承载机制

选定研究对象为某千米深部巷道,针对稳定性较差的交岔点硐室展开研究。由钻孔柱状图和原支护方案,了解研究区域的工程地质条件。采用现场取芯,室内二次定角度取样的办法,进行不同方向岩石的力学试验,了解研究区域内的围岩力学性质。根据开挖后围岩次生应力分布及其强度劣化特征,提出围岩"强-弱-关键"耦合承载区力学结构划分方法和参考指标;利用单/双弦式应力计,测试巷道开挖-支护过程中围岩耦合承载区的承载范围形成和演化规律;通过钻孔窥视探测松动圈形态和实测"内-主"承载区结构特征,对比研究判断围岩"强-弱-关键"耦合承载区结构划分的合理性;数值模拟中,由岩石力学性质设置模型参数,由声发射测试掌握初始应力场,研究开挖-支护过程中围岩耦合承载区力学承载特性及其对巷道稳定性影响。

（2）深部巷道"强-弱-关键"耦合承载区弹塑性力学理论研究

通过建立围岩"强-弱-关键"耦合承载区力学模型,结合该耦合承载区力学结构特征,推导耦合承载区稳定性与巷道破坏特性之间耦合作用关系式。在巷道开挖-支护工程背景下,建立围岩"开挖卸荷"力学模型和"围岩-支护"耦合力学模型,推导深部巷道"强-弱-关键"耦合承载区弹塑性力学分析公式,通过算例分析围岩耦合承载区的各承载区范围与巷道塑性区范围、弹塑性位移之间耦合作用关系及其拟合方程。

（3）深部巷道"强-弱-关键"耦合承载区稳定性分层支护控制效果

根据深部巷道"强-弱-关键"耦合承载区结构特征,提出"弱承载区全长锚注造壳-关键承载区端头锚注-强承载区悬吊加固"的分层支护原理。根据理论研究中当量圆裸巷和数值模拟中直墙半圆拱裸巷的耦合承载区结构特征,分别设计当量圆、直墙半圆拱巷道的分层支护方法及其支护参数,在"裸巷-原支护-分层支护"方案下,利用数值方法研究围岩耦合承载区力学承载特征和巷道破坏特性,分析分层支护方案的合理性。

（4）高水平应力下分层支护巷道力学模型试验

在巷道模型试验中,通过自制平面应力加载实验台,实现高围压加载试验条件,为验证理论研究和对照工程实践,分别设计当量圆、直墙半圆拱巷道模拟试验。分析高水平应力造成巷道承载区失稳和围岩结构性破坏的原因,根据裸巷耦合承载区结构特征,设计分层支护方法,研究分层支护对于控制高水平应力引起的巷道耦合承载区失稳和限制围岩结构性破裂扩展的效果。

（5）深部巷道工程实践

根据裸巷耦合承载区结构特性,定量设计分层支护方案和支护参数,并进行工程应用,利用钻孔窥视和深-浅位移观测等矿压观测方法,判断原支护和分层支护下围岩松动圈承载稳定性、围岩弹塑性位移分布，验证改进的分层支护合理性。

1.4.2 研究技术路线

上述研究主要内容和方法，可以表示为图 1-1 所示的研究技术路线。

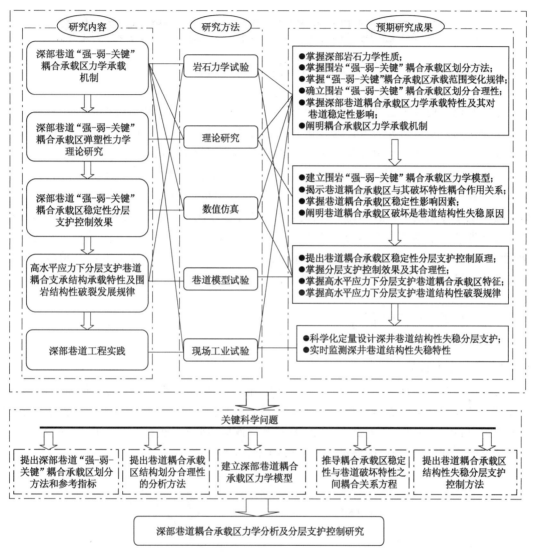

图 1-1 研究技术路线

2 深部巷道围岩"强-弱-关键"耦合承载区力学承载机制

深部巷道结构性失稳现象严重,且很难控制其稳定性。选取淮北某深部稳定性较差的大断面交岔点硐室为研究对象。通过矿井工程地质背景和室内岩石力学试验,掌握深部巷道工程力学性质。实测巷道开挖-支护工程中围岩次生应力场形成和演化规律,建立深部巷道"强-弱-关键"耦合承载区力学结构划分方法和参考标准,分析巷道开挖-支护过程中耦合承载区承载范围形成和变化规律,结合董方庭教授提出的松动圈分布特征以及李树清教授和康红普院士提出的"内-主"承载区结构,对比研究确立围岩"强-弱-关键"耦合承载区结构划分的合理性。根据巷道工程力学性质,结合声发射地应力测试结果,掌握巷道工程地质概况,通过数值方法建立模型,真实还原深部巷道的赋存环境,模拟分析围岩耦合承载区力学承载特征及其对巷道稳定性影响,掌握深部巷道"强-弱-关键"耦合承载区力学承载机制。

2.1 深部巷道工程背景

2.1.1 工程地质背景

选择淮北某矿深部大巷作为研究对象,由于需要总结深部巷道大变形失稳原因,选取稳定性较差的1-2号交岔点硐室作为科研实施段,同时急需了解巷道周围的工程力学性质和变形规律,所以有必要选取测试点,进行围岩力学性质、地应力赋存和次生应力分布以及松动圈情况等方面测试,选取的测试点平面图如图2-1所示。

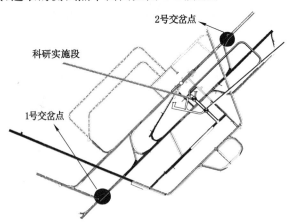

图 2-1 井底车场附近交岔点位置平面图

根据该矿提供的岩层钻孔柱状图,如图2-2所示,其中1号交岔点处水平标高−954 m,

巷道岩性为较硬的中粗砂岩;2号交岔点处水平标高－960 m,其岩性为软弱的砂质泥岩。由此可知,两个测试点为典型的深埋硬岩和深埋软岩巷道。

层号	岩层岩性	柱状	厚度/m	埋深/m
1	砂质泥岩		4.0	942.4
2	粉砂岩		5.0	947.4
3	砂质泥岩		3.8	951.2
4	中粗砂岩		6.5	957.7
5	砂质泥岩		6.2	963.9
6	中粗砂岩		6.0	969.9
7	粉砂岩		6.2	976.1
8	细砂岩		4.0	980.1

(a)

层号	岩层岩性	柱状	厚度/m	埋深/m
1	粉砂岩		4.0	948.2
2	砂质泥岩		3.6	951.8
3	中粗砂岩		5.6	957.4
4	砂质泥岩		6.4	963.8
5	中粗砂岩		5.8	969.6
6	粉砂岩		6.2	975.8
7	细砂岩		4.2	980.0
8	砂质泥岩		5.8	985.8

(b)

图 2-2　交岔点附近的钻孔柱状图

(a) 1 号交岔点；(b) 2 号交岔点

2.1.2　工程技术背景

巷道断面修整后的净宽 6 000 mm,净高 5 000 mm。巷道掘进初期,进行全断面"锚网喷"支护,支护参数为:800 mm×800 mm,施工紧跟实施点,锚杆规格 GQM24-ϕ20 mm×2 400 mm 高强锚杆,全断面共 13 根。金属网采用 ϕ6.5 mm 圆钢制作,金属网规格 1 700 mm×1 000 mm,网格尺寸 100 mm×100 mm。针对巷道围岩赋存条件复杂(以砂岩和泥岩为主),以及巷道现实状况(底鼓现象普遍严重、部分硐室的顶板断裂下沉严重、巷道收敛变形普遍较大),提出如下围岩控制方法及补强支护措施:由于交岔点硐室的应力集中严重,特别是水仓附近的 1-2 号交岔点硐室积水较多,需要特别注意及时地进行"锚索"支护。其中,锚索规格为 YMS-ϕ17.8 mm×6 300 mm,强度 1 860 MPa,破断荷载≥353 kN,锚索间排距 1 600 mm×1 600 mm。支护方案如图 2-3 所示。

2.1.3　多方向原位岩石力学试验

(1) 井下水平标定取芯方向[125]

钻孔尺寸和方位的选取:在交岔点布置近水平测孔,垂直于巷道表面,钻孔直径 90 mm,钻孔水平仰角≤5°。定向取芯循环操作:首先标定待取岩芯水平方向,事先假定沿钻孔方向为 y 方向,垂直钻孔断面为 xOz 面,垂直方向为 z 方向,水平方向为 x 方向,利用"岩芯水平

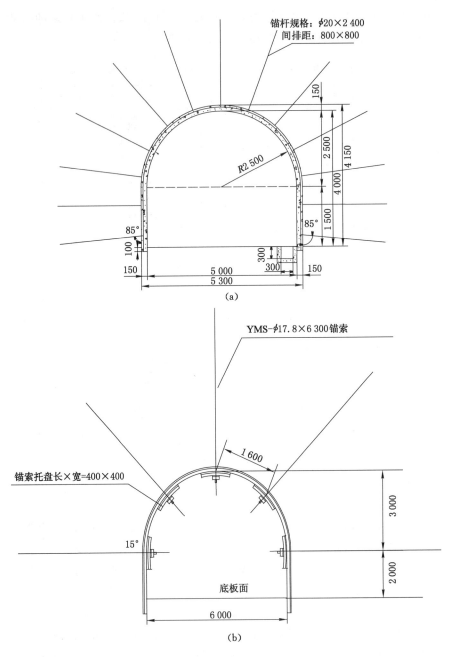

图 2-3 锚-网-喷-索支护方案（单位：mm）

(a) 锚网喷支护；(b) 锚索二次补强

定向系统"，对待取岩芯进行水平定向，并建立三维坐标系。

（2）室内原位岩石二次定角度取样[126-128]

利用实验室的取样钻机，结合定角取样辅助装置，将取出的岩芯沿空间坐标 6 个方向钻取。首先是传统的取样，事先已假定圆柱体岩芯轴向为 y 方向，断面为 xOz 面，可钻取 x、y、z 三个方向岩样。采用自行设计的定角取样装置，该装置主要包括：岩芯放置套筒、支承架、岩芯固定装置；其中岩芯放置套筒与水平方向成 45°。通过改变岩芯位置，钻取出 $x45°y$、$x45°z$、$y45°z$ 三个方向岩样。上述室内钻取出的各交岔点、不同方向的部分岩样试件，如图 2-4 所示。

(a)　　　　　　　　　　　　(b)

图 2-4　不同岩性各方向岩样

(a) 中粗砂岩；(b) 砂质泥岩

待图 2-4 中试件打磨加工后，对标准岩样进行单轴加载试验研究。

（3）岩石力学试验结果分析

采用 RMT-150B 岩石力学实验仪，分别对实验室取出的 1-2 号交岔点 6 个方向岩样进行单轴压缩试验。采用位移控制、加载速度为 0.005 mm/s 的单轴加载方式，根据声发射实验系统直接采集轴向力，从而给出 1-2 号交岔点各方向岩样的单轴压缩应力分量，其室内实测如图 2-5 所示。

图 2-5　岩样多方向加载试验

经单轴压缩试验获得 1-2 号交岔点不同方向硬岩和软岩的单轴抗压强度，如图 2-6 所示。

由图 2-6 可以看出，1 号交岔点岩石单轴压缩达到峰值强度后，其抗压强度迅速降低至最低值，且峰后变形较小，体现出明显的硬岩力学-变形性质。而 2 号交岔点岩石所受应力达到单轴抗压强度后，其应力随着变形的继续增大而逐渐降低，当强度降至一定值时，随着变形的增大其强度维持在残余值。压裂后部分破坏岩样如图 2-7 所示。

在单轴压缩试验下，不同岩性岩石的力学参数包括：弹性模量、变形模量、抗压强度和抗剪强度以及泊松比。将沿着 6 个不同方向 $x,y,z,x45°y,x45°z$ 和 $y45°z$，不同岩性岩石的力学参数列在表 2-1 中。

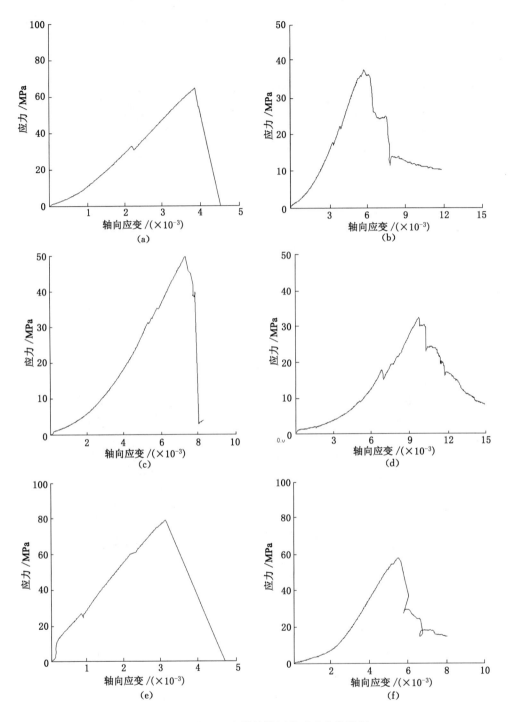

图 2-6　多方向岩样单轴压缩试验力学数据

（a）1 号交岔点轴向 x 方向岩样；（b）2 号交岔点轴向 x 方向岩样；

（c）1 号交岔点水平 y 方向岩样；（d）2 号交岔点水平 y 方向岩样；

（e）1 号交岔点垂直 z 方向岩样；（f）2 号交岔点垂直 z 方向岩样

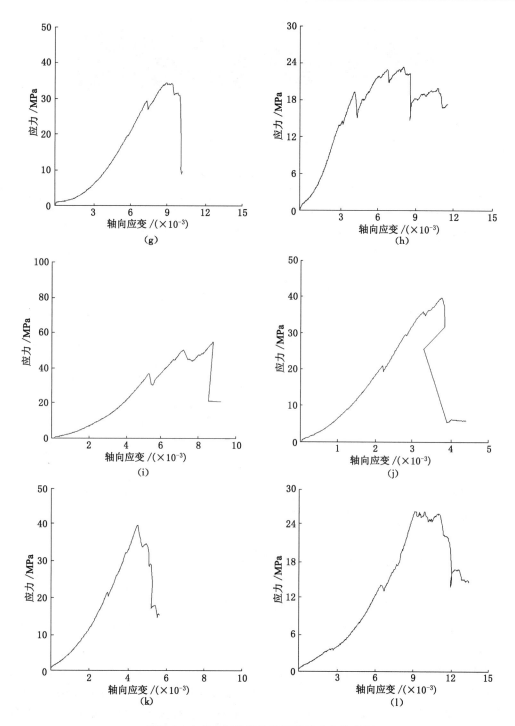

续图 2-6　多方向岩样单轴压缩试验力学数据

(h) 1 号交岔点切向 $x45°y$ 方向岩样；(i) 2 号交岔点切向 $x45°y$ 方向岩样；

(j) 1 号交岔点切向 $x45°z$ 方向岩样；(k) 2 号交岔点切向 $x45°z$ 方向岩样；

(l) 1 号交岔点切向 $y45°z$ 方向岩样；(m) 2 号交岔点切向 $y45°z$ 方向岩样

（a）   （b）

图 2-7　单轴压缩下 1-2 号交岔点部分破坏岩样

（a）中粗砂岩；（b）砂质泥岩

表 2-1　　　　　　　　　　　　1-2 号交岔点各方向岩样力学参数

岩性	岩石受力方向	弹性模量/GPa	变形模量/GPa	抗压强度/MPa	抗剪强度/MPa	泊松比
中粗砂岩	x 方向受力	16.06	1.34	64.25	15.06	0.26
	y 方向受力	7.19	0.65	50.36	14.68	0.23
	z 方向受力	21.91	1.69	78.12	16.35	0.30
	$x45°y$ 方向受力	3.82	0.37	34.36	10.15	0.15
	$x45°z$ 方向受力	6.44	0.61	53.42	13.42	0.24
	$y45°z$ 方向受力	5.29	0.85	40.12	12.12	0.20
砂质泥岩	x 方向受力	6.59	0.60	38.25	9.55	0.15
	y 方向受力	3.39	0.34	32.50	9.12	0.10
	z 方向受力	10.80	0.98	58.00	10.30	0.26
	$x45°y$ 方向受力	3.22	0.31	23.82	8.43	0.08
	$x45°z$ 方向受力	6.56	0.42	39.85	8.80	0.20
	$y45°z$ 方向受力	2.95	0.27	26.54	8.62	0.09

由表 2-1 可知,岩石力学特征具有方向性。其中,岩石沿着垂直方向、水平方向和切向,其强度依次减小。

2.2　深部巷道"强-弱-关键"耦合承载区力学承载特征分析

2.2.1　深部巷道围岩次生应力场形成和演化规律

深部井底车场附近有 6 对掘进头,其中施工安全性较差的 1-2 号交岔点现场作业图,如图 2-8 所示。

在巷道开挖-支护过程中,利用单-双向弦式应力计测试 1-2 号交岔点巷道的次生应力场演化规律,该应力计测试原理如图 2-9 所示。该应力计的工作原理为:应力计接好以后,激励信号传送至线圈,引起振弦产生谐振,振动频率的平方直接按比例反映为应力计直径的变化,并按率定系数转换为岩石应力的变化。

在 1-2 号交岔点分别设置 2 个单-双弦式次生应力观测站,沿巷道的顶板、拱肩、帮部和底角以及底板的径向,测试巷道在裸巷、原支护条件下围岩次生应力场形成和演化规律,次生应力径向测试范围为 8 m。进而获得开挖-支护过程中 1-2 号交岔点巷道不同位置的次生应力数据,如图 2-10 至图 2-13 所示。

(a)　　　　　　　　　　　　　　(b)

图 2-8　交岔点巷道掘进面

(a) 1 号交岔点;(b) 2 号交岔点

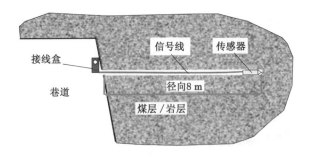

图 2-9　围岩次生应力测试原理

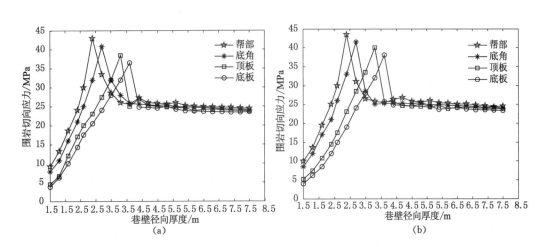

图 2-10　开挖后 1 号交岔点巷道围岩次生应力分布规律

(a) 1 号测站次生应力场;(b) 2 号测站次生应力场

由图 2-10 和图 2-12 可知巷道开挖后裸巷次生应力场分布特征。其中,1 号交岔点帮部、底角和顶板以及底板的次生应力分布范围、应力集中及其与巷壁距离呈现逐渐扩大趋势,应力集中系数分别为 1.80、1.70、1.63、1.51。2 号交岔点帮部、底板和拱肩以及顶板的次生应力分布范围、应力集中及其与巷壁距离呈现逐渐扩大趋势,应力集中系数分别为 1.60、1.55、1.49、1.42。

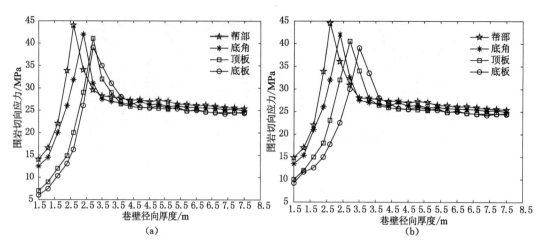

图 2-11　原支护后 1 号交岔点巷道围岩次生应力演化规律

（a）1 号测站次生应力场；（b）2 号测站次生应力场

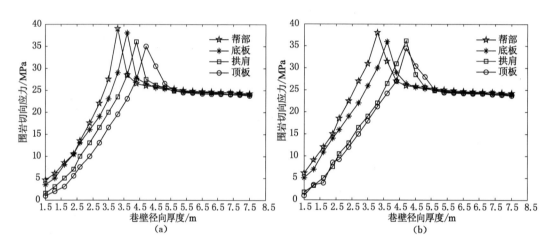

图 2-12　开挖后 2 号交岔点巷道围岩次生应力分布规律

（a）1 号测站次生应力场；（b）2 号测站次生应力场

由图 2-11 和图 2-13 可知巷道支护后次生应力场演化规律，相较裸巷次生应力分布其应力分布范围减小、应力集中程度和距巷壁距离增大。其中，1 号交岔点沿帮部、底角和顶板以及底板的次生应力分布规律不变，应力集中系数分别提高为 1.86、1.75、1.72、1.60。2 号交岔点帮部、底板和拱肩以及顶板的次生应力分布规律不变，应力集中系数分别提高为 1.66、1.61、1.52、1.48。

2.2.2　深部巷道"强-弱-关键"耦合承载区力学承载特征

考虑软岩巷道和硬岩巷道的应力集中程度和围岩强度劣化程度的不同，结合前人关于巷道围岩力学承载区结构划分方法，如康红普院士提出的描述围岩塑性扩展的"主承载区"，李树清提出的描述围岩破裂程度的"内承载区"，本书根据开挖后深部巷道的围岩次生应力形成和演化规律、应力集中程度及其距巷壁的远近，提出深部巷道围岩"强-弱-关键"耦合承载区的划分方法和参考标准，如下所述：

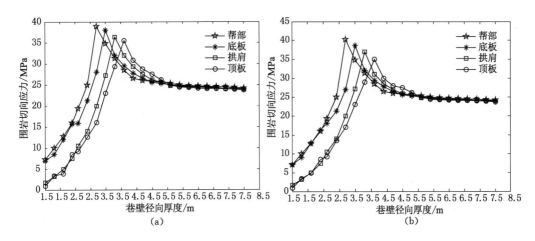

图 2-13 原支护后 2 号交岔点巷道围岩次生应力演化规律

(a) 1 号测站次生应力场；(b) 2 号测站次生应力场

(1)"弱承载区"：为围岩破碎和塑性叠加区，围岩强度较弱，且承载围岩中较少部分应力，为"锚-网-喷-注"初期支护的主要作用区域。

如图 2-14 所示，该"弱承载区"承载范围内的围岩应力集中系数，是关于 K_1 的取值。其中，李树清提出的低于原岩应力的围岩"内承载区"承载范围较小，考虑开挖后围岩强度劣化，且"弱承载区"为靠近巷壁破碎围岩，取软岩巷道"弱承载区"范围内的应力集中系数 $K_1=1.1$，略高于原岩应力，是破裂区和软化区叠加部分，而硬岩巷道应力集中系数略高于软岩巷道，取 $K_1=1.2$，存在于损失区内。该"弱承载区"承载能力较弱，需要初期支护增大其围岩强度，防止发生掉矸或冒顶事故，是承载区稳定性的标志，矿井松动圈测试往往是针对该区域进行的，主要测试其承载范围和裂隙发育程度，进而设计第一层"锚网喷注"有效支护。

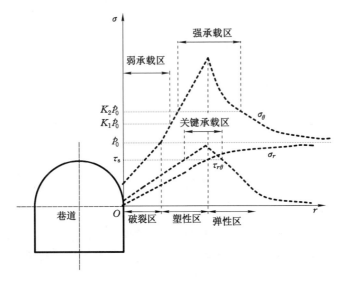

图 2-14 深部巷道耦合承载区结构特征

（2）"强承载区"：为塑性和弹性叠加区，围岩强度较高，且承载围岩次生应力场中绝大部分应力，为锚索悬吊补强支护的主要作用对象。

如图 2-14 所示，该"强承载区"承载范围内的围岩应力集中系数，是关于 K_2 的取值。康红普和李树清分别认为 K_2 高于 1.5、1.0 部分为"主承载区"，但往往高于 1.5 的"主承载区"范围过小，特别是软岩巷道几乎没有"主承载区"，高于 1.0 的"主承载区"范围又较大，所以取值均不太合理。本书取软岩和硬岩巷道对应的应力集中系数分别高于 1.2、1.3 为围岩"强承载区"，该承载区存在于软化区（损伤区）和弹性区叠加部分，围岩强度较大。随着巷道开挖，"强承载区"逐渐向围岩深部转移、承载范围扩大，即表明塑性流动扩大，不利于掘巷初期围岩稳定性维护。所以巷道开挖时，尽量保证"强承载区"靠近巷壁。

（3）"关键承载区"：存在于强承载区中，为剪应力集中区域，该承载区易发生围岩剪切破坏。

在岩石力学与工程研究中，岩石剪切破坏是较为被认可的一种巷道破坏方式，综合考虑围岩等效剪应力 τ_{θ} 和剪切屈服应力 τ_s，提出依据围岩剪应力集中区域划分围岩"关键承载区"的力学承载范围。于是，可知围岩"关键承载区"的稳定与否，关系着整个围岩承载区平衡与否，需要"锚注"支护加强该"关键承载区"的围岩抗剪强度，以防发生剪切滑移破坏。

关于围岩"关键承载区"中等效剪应力求解，可知，在三维应力条件下围岩等效剪应力求解较为困难，通常采用的方式：通过引入等效应力，计算复杂应力条件下围岩的等效剪切力。同时，巷道采用极坐标表达较为方便，所以将围岩中最大、中间、最小主应力 σ_1、σ_2、σ_3，按照极坐标中环向、轴向、径向应力 σ_{θ}、σ_z、σ_r 来表示。

在广义平面应变问题中，有：

$$\sigma_i = \frac{1}{\sqrt{2}}\sqrt{(\sigma_{\theta} - \sigma_r)^2 + (\sigma_r - \sigma_z)^2 + (\sigma_z - \sigma_{\theta})^2} = \frac{\sqrt{3}}{2}(\sigma_{\theta} - \sigma_r) \tag{2-1}$$

由等效应力与等效剪切应力之间关系，结合式（2-1）可知复杂应力下等效剪应力表达式为：

$$\tau_i = \frac{\sigma_i}{\sqrt{3}} = \frac{\sigma_{\theta} - \sigma_r}{2} \tag{2-2}$$

式中，τ_i 为等效剪应力，MPa。

根据式（2-2）结合围岩环向和径向应力分布特征可以求出等效剪应力，结合围岩剪切屈服强度，根据"关键承载区"划分方法和参考标准，可以对该承载区的承载范围进行准确的划分。

2.3 深部巷道"强-弱-关键"耦合承载区力学承载范围

2.3.1 开挖后裸巷耦合承载区力学承载范围形成特征

考虑硬岩和软岩巷道"强-弱-关键"耦合承载区划分方法和参考标准，结合 1-2 号交岔点的顶板、拱肩、帮部和底角以及底板附近围岩次生应力场的形成特征，研究裸巷"强-弱-关键"耦合承载区力学分布形态，如图 2-15 和图 2-16 所示。

由图 2-15 和图 2-16 可知，开挖后 1-2 号交岔点裸巷的承载区范围和应力集中程度如下

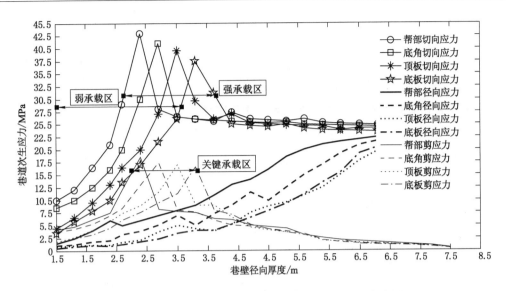

图 2-15 开挖后 1 号交岔点巷道耦合承载区力学承载范围

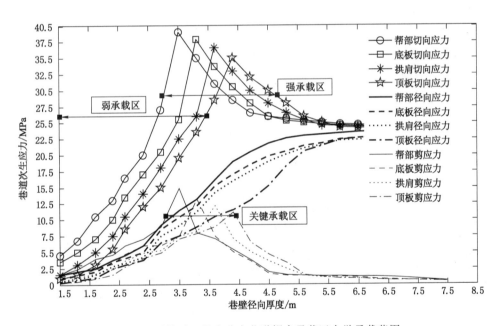

图 2-16 开挖后 2 号交岔点巷道耦合承载区力学承载范围

所述：

1 号交岔点帮部、底角和顶板以及底板的"弱承载区"范围逐渐扩大，"强-关键"承载区沿着巷壁逐渐向深部转移。获得的"弱承载区"数据为：承载范围分别为 2.1 m、2.35 m、2.75 m、3.10 m。获得的"强承载区"数据为：承载范围分别为 2.18～2.61 m、2.40～2.94 m、2.80～3.25 m、3.12～3.60 m；应力集中系数分别为 1.80、1.72、1.64、1.55。获得的"关键承载区"数据为：承载锚注范围分别为 2.27～2.45 m、2.62～2.75 m、2.90～3.12 m、3.25～3.35 m。

2 号交岔点帮部、底板和拱肩以及顶板的"弱承载区"承载范围逐渐扩大，"强-关键"承载区沿着巷壁逐渐向深部转移。获得的"弱承载区"数据为：承载范围分别为 2.68 m、3.02 m、3.27 m、3.46 m。获得的"强承载区"数据为：承载范围分别为 2.75～3.82 m、3.15～4.15 m、3.38～4.32 m、3.65～4.62 m；应力集中系数分别为 1.63、1.57、1.48、1.44。获得的"关键承载区"数据为：承载范围分别为 2.82～3.25 m、3.18～3.48 m、3.50～3.68 m、3.80～3.92 m。

2.3.2　原支护围岩耦合承载区力学承载范围演化规律

在原锚网索支护施加后，沿着巷道的顶板、拱肩、帮部和底角以及底板附近，研究裸巷耦合承载区演化规律，如图 2-17 和图 2-18 所示。

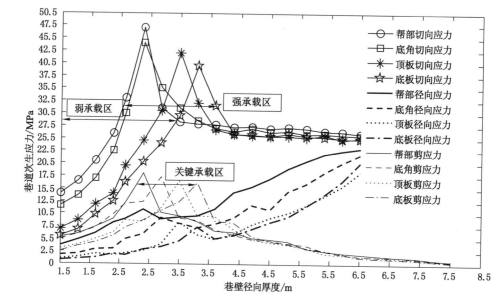

图 2-17　原支护后 1 号交岔点巷道耦合承载区力学承载范围

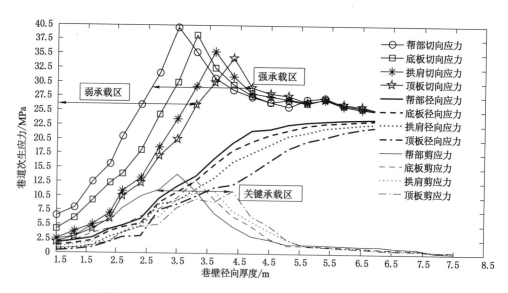

图 2-18　原支护后 2 号交岔点巷道耦合承载区力学承载范围

由图 2-17 和图 2-18 可知,支护后 1-2 号交岔点巷道承载区范围和应力集中程度如下所述:

在原支护条件下 1 号交岔点巷道沿着巷道帮部、底角和顶板以及底板的"弱承载区"范围略微缩小,"强-关键"承载区向深部转移程度受限制变化不大。获得的"弱承载区"数据为:承载范围分别为 1.95 m、2.08 m、2.61 m、2.95 m。获得的"强承载区"数据为:承载范围分别为 2.10~2.61 m、2.16~3.00 m、2.70~3.30 m、3.12~3.60 m;应力集中系数分别为 1.89、1.78、1.74、1.63。获得的"关键承载区"数据为:端头锚注范围分别为 2.29~2.48 m、2.62~2.75 m、2.90~3.10 m、3.25~3.35 m。

在原支护条件下 2 号交岔点巷道沿着帮部、底板和拱肩以及顶板的"弱承载区"范围逐渐扩大,"强-关键"承载区向深部转移受到一定程度限制。获得的"弱承载区"数据为:承载范围分别为 2.40 m、2.84 m、3.12 m、3.35 m。获得的"强承载区"数据为:承载范围分别为 2.60~3.82 m、2.95~3.95 m、3.30~4.12 m、3.60~4.20 m;应力集中系数分别为 1.65、1.58、1.49、1.44。获得的"关键承载区"数据为:端锚范围分别为 2.70~3.25 m、3.16~3.48 m、3.50~3.62 m、3.8 m。

2.4　深部巷道"强-弱-关键"耦合承载区结构合理性分析

根据上述围岩"强-弱-关键"耦合承载区承载范围变化规律的实测数据,结合下文中松动圈演化分析和"主-内"承载区结构特征研究,判定围岩"强-弱-关键"耦合承载区划分的合理性。

2.4.1　深部巷道围岩松动圈演化特征

董方庭教授提出的松动圈,包括围岩破碎带和裂隙带,可以作为判断上述"强-弱-关键"耦合承载区划分合理性的依据。下面将结合钻孔窥视方法,判断围岩松动圈的形态和范围,该松动圈主要包括围岩的破碎区和塑性流动区,从而验证"主-内"承载区划分的合理性。

钻孔窥视仪作为一种直观且有效的围岩松动圈观测仪器,能够准确、快速地测试围岩的破碎-塑性范围,其主要由探头、钻孔、光导纤维、目镜和灯源等组成。在试验地点测试时,可以沿同一断面的不同方向进行测试,利用摄像技术探测围岩裂隙发育状况、岩层完整性,判断松动圈范围。

(1) 开挖后裸巷松动圈形态和范围

利用深部钻孔窥视仪,对 1-2 号交岔点附近的围岩进行钻孔窥视。方案:分别对掘进过程中无支护 1-2 号交岔点进行钻孔窥视,钻孔直径为 97 mm,根据围岩裂隙发育情况和岩层完整性,分别设置相应的钻孔深度,对照围岩钻孔图的变化情况,给出各钻孔中围岩破碎和裂隙发育情况,如图 2-19 和图 2-20 所示。

开挖后裸巷的围岩松动圈的形态和范围为:通过图 2-19 可知,1 号交岔点围岩破坏呈现脆性断裂,其中顶、底板围岩破碎较严重,松动圈中破碎带和裂隙带范围分别为 2.92 m 和 3.64 m,3.35 m 和 4.10 m。底角和帮部破碎程度依次减弱,松动圈中破碎带和塑性带范围分别为 2.36 m 和 3.25 m,2.20 m 和 3.00 m。通过图 2-20 可知,2 号交岔点围岩破坏呈现软岩的裂隙和构造发育明显的特征,其中拱肩和顶板围岩破碎较严重,松动圈中破碎带和裂隙带范围分别为 3.65 m 和 4.65 m,4.20 m 和 5.10 m。底板和帮部破碎程度依次减弱,

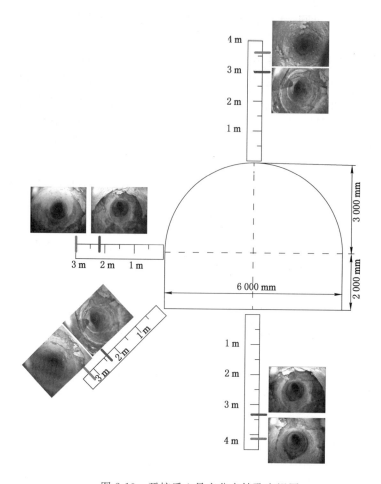

图 2-19　开挖后 1 号交岔点钻孔窥视图

松动圈中破碎带和裂隙带范围分别为 3.30 m 和 4.00 m，2.95 m 和 3.90 m。

（2）支护后巷道松动圈演化规律

在原锚网索支护施加后，分别对 1-2 号交岔点进行钻孔窥视，钻孔直径为 97 mm，根据围岩裂隙发育情况分别设置相应的钻孔深度，对照围岩钻孔图的变化情况，给出各钻孔中围岩破裂和发育情况，如图 2-21 和图 2-22 所示。

原支护施加后围岩松动圈的演化规律为：通过图 2-21 可知，1 号交岔点围岩的脆性断裂程度得到一定程度减弱，其中顶、底板围岩破碎较明显，松动圈中破碎带和裂隙带范围分别为 2.80 m 和 3.50 m，2.65 m 和 3.40 m。巷道底角和帮部破碎程度依次减弱，松动圈中破碎带和裂隙带范围分别为 2.05 m 和 2.80 m，1.85 m 和 2.70 m。通过图 2-22 可知，2 号交岔点围岩破坏得到改善且呈现硬岩脆性断裂，其中拱肩和顶板围岩破碎较严重，松动圈中破碎带和裂隙带范围分别为 3.10 m 和 4.10 m，3.45 m 和 4.40 m。底板和帮部破碎程度依次减弱，松动圈中破碎带和裂隙带范围分别为 2.80 m 和 3.85 m，2.50 m 和 3.52 m。

2.4.2　深部巷道围岩"主-内"承载区力学承载特征分析

康红普和李树清提出的围岩"主-内"承载区划分方法，对于了解巷道力学承载结构具有

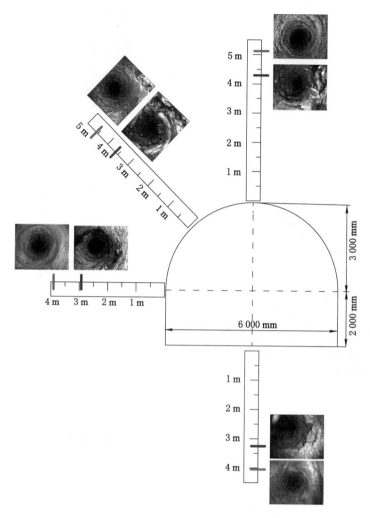

图 2-20　开挖后 2 号交岔点钻孔窥视图

一定的意义,但其合理性需要进一步加以验证。

（1）开挖后围岩"主-内"承载区力学结构形成特征

在 1-2 号交岔点巷道处,分别设置 2 个单-双弦式次生应力观测站,沿着巷道底板、底拱脚、帮部和顶板以及拱肩部位分别进行测试,进而获得开挖后 1-2 号交岔点巷道不同位置处的次生应力数据。结合相关学者提出的承载区划分方法,即康红普院士认为高于 1.5 倍原岩应力部分为主要承载区;李树清认为塑性区中低于原岩应力为内承载区,需锚注加固,而高于原岩应力的外承载区为稳定区。结合不同承载区划分方法,将开挖后变化趋势较明显的巷道次生切向应力分布及其承载区形成的力学形态,示于图 2-23 和图 2-24 中。

巷道开挖后,在图 2-23 和图 2-24 中对比分析 1-2 号交岔点围岩承载区特点,可知不同承载区划分方法,获得的相同结果为 2 号交岔点较 1 号交岔点其各承载区（主承载区或内承载区）向围岩深部转移更加明显,具体结果如下:

李树清提出的内承载区为围岩承载失稳的锚固区,即围岩破碎区。其中,1 号交岔点帮部、底角和顶板以及底板的内承载区沿着巷壁向围岩深部扩展,获得的内承载区数据为:承

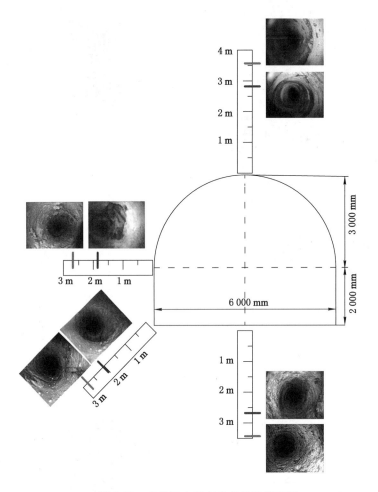

图 2-21 支护后 1 号交岔点钻孔窥视图

载范围分别为 1.87 m、2.10 m、2.42 m、2.65 m。2 号交岔点帮部、底板和拱肩以及顶板的内承载区沿着巷壁向围岩深部扩展,获得的内承载区数据为:承载范围分别为 2.60 m、2.90 m、3.30 m、3.62 m。

康红普提出的主承载区为次生应力集中区,即塑性流动区。其中,1 号交岔点帮部、底角和顶板以及底板的主承载区沿着巷壁向外逐渐转移,获得的主承载区数据为:承载范围分别为 2.24~2.61 m、2.56~2.85 m、3.15~3.33 m、3.62 m;应力集中系数分别为 1.80、1.70、1.63、1.51。2 号交岔点帮部、底板和拱肩以及顶板的主承载区沿着巷壁向外逐渐转移,获得的主承载区数据为:承载范围分别为 3.23~3.35 m、3.58~3.65 m,顶、底板没有主承载区;应力集中系数分别为 1.60、1.55、1.49、1.42。

(2)支护后围岩"主-内"承载区力学结构演化规律

在相同的应力测试方法和承载区划分原理条件下,将支护后巷道次生应力和承载区的演化规律示于图 2-25 和图 2-26 中。

巷道支护后,由图 2-25 和图 2-26 获得的相同结果为 1-2 号交岔点围岩承载区与开挖时呈现出相同的变化特点,同时,在一定程度上,各承载区(主承载区或内承载区)向围岩深部

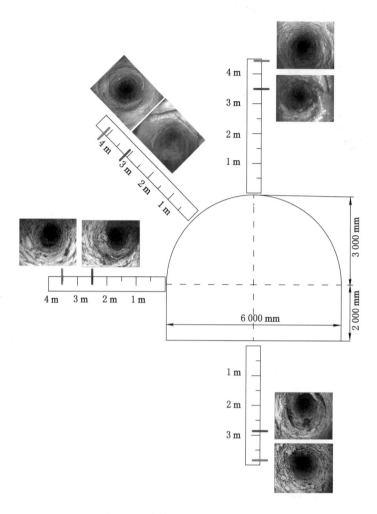

图 2-22　支护后 2 号交岔点钻孔窥视图

转移趋势受到了限制,且更加靠近巷壁、承载能力得到提升。

李树清提出的内承载区为围岩承载失稳的锚固区,即围岩破碎区。其中,1 号交岔点帮部、底角和顶板以及底板的内承载区沿着巷壁向围岩深部扩展,获得的内承载区数据为:承载范围分别为 1.62 m、1.76 m、2.15 m、2.36 m。2 号交岔点帮部、底板和拱肩以及顶板的内承载区沿着巷壁向围岩深部扩展,获得的内承载区数据为:承载范围分别为 2.40 m、2.61 m、2.90 m、3.14 m。康红普提出的主承载区为次生应力集中区,即塑性流动区。其中,1 号交岔点帮部、底角和顶板以及底板的主承载区沿着巷壁向外逐渐转移,获得的主承载区数据为:承载范围分别为 1.91~2.33 m、2.23~2.57 m、2.57~2.83 m、2.77~2.97 m;应力集中系数分别为 1.86、1.75、1.72、1.60。2 号交岔点帮部、底板和拱肩以及顶板的主承载区沿着巷壁向外逐渐转移,获得的主承载区数据为:承载范围分别为 2.62~2.84 m、2.88~3.16 m、3.31 m,顶板没有主承载区;应力集中系数分别为 1.66、1.61、1.52、1.48。

2.4.3　深部巷道耦合承载区承载范围划分合理性

对比研究开挖-原支护条件下,深部巷道围岩"强-弱-关键"耦合承载区、围岩松动圈、围

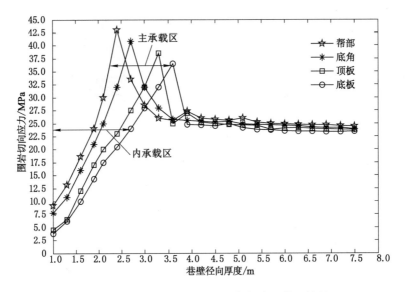

图 2-23　开挖后 1 号交岔点巷道主-内承载区特征

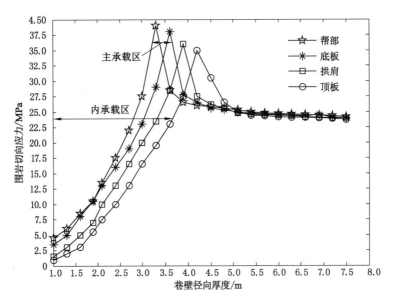

图 2-24　开挖后 2 号交岔点巷道主-内承载区特征

岩主-内承载区的形成和演化特征,对围岩耦合承载区承载范围划分的合理性分析如下:

通过实测发现围岩"内承载区"承载范围相较松动圈中破碎带,在开挖后 1-2 号交岔点的"内承载区"范围小于破碎带,两者平均相似度分别为 82.00% 和 87.00%,支护后平均相似度分别提升为 84.25% 和 91.00%。通过实测发现"主承载区"承载范围相较松动圈中塑性带,在 1-2 号交岔点的底板处围岩"主承载区"不存在,仅当支护后 1 号交岔点"主承载区"存在且范围偏小,并与松动圈中塑性带相似度为 87.00%。

由此可知硬岩和软岩巷道围岩承载区结构划分相似度存在一定差异,需要分别设置合理的次生应力集中系数。其中,1 号交岔点硬岩巷道"主承载区"应力集中系数需略微降低,

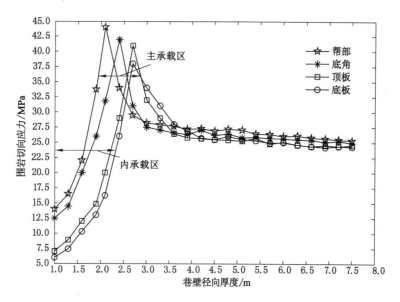

图 2-25 支护后 1 号交岔点巷道主-内承载区特征

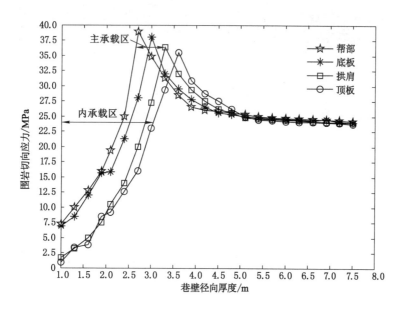

图 2-26 支护后 2 号交岔点巷道主-内承载区特征

而其"内承载区"应力集中系数则需较大程度提高。2 号交岔点软岩巷道的"内承载区"应力集中系数需略微提高,但其围岩"主承载区"的应力集中系数则需降低较多。

本书提出的围岩"强-弱-关键"承载区范围相较松动圈范围的相似度得到较大提高幅度。其中,围岩"弱承载区"范围小于松动圈中破碎带,在巷道开挖后 1-2 号交岔点处围岩承载范围的平均相似度分别为 95.00% 和 96.75%,支护后围岩承载范围平均相似度分别为 96.12% 和 97.00%。围岩"强承载区"范围大于松动圈中塑性带,开挖后 1-2 号交岔点的围岩承载范围平均相似度分别为 95.00% 和 96.00%,支护后围岩承载范围平均相似度分别为 97.58% 和 98.00%。因此,在深部巷道中围岩耦合承载区承载范围划分,相较"主-内"承载区划分更具有适用性。

2.5 深部巷道"强-弱-关键"耦合承载区力学特性及对巷道稳定性影响

根据该矿提供的交岔点巷道的岩层钻孔柱状图(图 2-2),建立 1-2 号交岔点巷道的整体计算模型,尺寸为:宽 40 m×高 30 m×巷道轴向 10 m。根据工程实际,设计该掘进巷道尺寸为:$B×H＝6\ 000\ mm×5\ 000\ mm$,即宽 6 m,巷道断面高度 5 m,其中拱高 3 m,直墙高 2 m。将建好的模型(共有 14.29 万个单元)导入 FLAC3D 后,生成如图 2-27 所示模型。

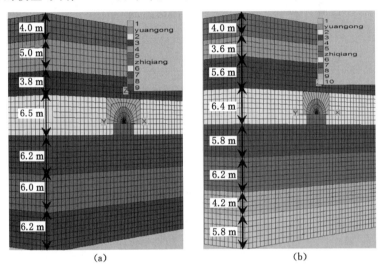

图 2-27 数值分析模型

(a) 1 号交岔点;(b) 2 号交岔点

模型材料初始为 Elastic 本构模型,根据岩石力学试验设置具体的模型参数。初始应力设置:依据地应力数据分别进行加载。其中边界条件设置为:采用应力边界条件,在 r_0～$20r_0$(当量半径 $r_0＝3.633$ m)范围内的岩石重力,相对远场(埋深 954 m、960 m)的初始应力加载可忽略不计。

具体模拟方案如下:应力加载模拟 1-2 号交岔点的埋深分别为 954 m、960 m,待巷道开挖后,"锚-网-喷-索"支护紧跟掘进头,研究开挖-支护过程中围岩耦合承载区变化以及围岩位移和塑性区分布。选择 M-C 应变软化模型,模拟模型中软岩材料。分两步开挖巷道(每步 5 m),共掘进 10 m。随着巷道掘进-支护的进程发展,分析围岩次生应力的集中程度和分布范围,研究围岩耦合力学承载区对围岩位移和塑性区的影响。

根据该矿提供的原支护具体参数:$\phi20$ mm×2 400 mm 注浆锚杆,间排距 800 mm×800 mm,YMS-$\phi17.8$ mm×6 300 mm 锚索,建立模拟方案如图 2-28 所示。

通过声发射测试巷道初始应力场,根据岩石的凯塞效应[128-132]严格存在于岩石变形的弹性阶段,记忆的最大应力不超过破坏应力的 50% 的特点,将试件应力-应变曲线与相应的声发射特征曲线(振铃计数、能量计数)进行合并处理,在弹性应力阶段判断声发射能量累积

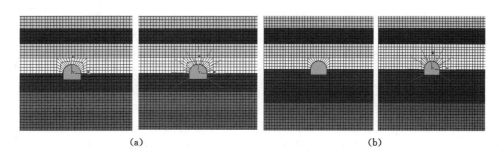

图 2-28 巷道"掘进-支护"过程

(a) 1 号交岔点；(b) 2 号交岔点

曲线的突变点，确认该点为凯塞效应点，如图 2-29 和图 2-30 所示。

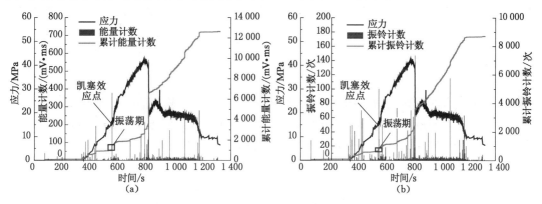

图 2-29 1 号交岔点 x 方向岩样 AE 信号

(a) 应力和能量计数-到达时间；(b) 应力和振铃计数-到达时间

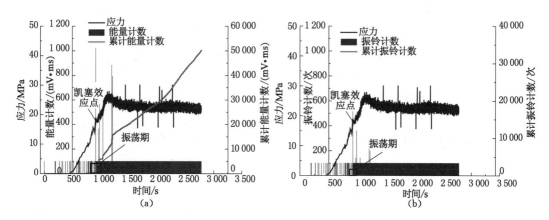

图 2-30 2 号交岔点 x 方向岩样 AE 信号

(a) 应力和能量计数-到达时间；(b) 应力和振铃计数-到达时间

由图 2-29(a) 和图 2-29(b) 可知，1 号交岔点 x 方向岩样的弹性加载时间范围为 0～750 s，在这个时间范围内，从图 2-29(a) 中可以发现能量计数在 $t=580$ s 时第一次增大到 385 mV·ms，在随后较长的时间段内该点的能量突变量最大，而此时在图 2-29(b) 中对应的岩样振铃计数也为最大值 98 次，所以判断该点为凯塞效应点，对应的应力为 14.2 MPa。

上述突变点对应的 AE 累计曲线处于振荡期。

由图 2-30(a)和图 2-30(b)可知,2 号交岔点 x 方向(沿巷道轴向)岩样在单轴加载过程中,岩样处于弹性加载范围,即时间段为 0～1 200 s,对应的应力大小范围是 0～19 MPa。由图 2-30(a)的能量积累数据发现,在加载到 900 s 时,能量突然跳跃到 1 240 mV·ms,而随后的弹性阶段没有出现比该次跳跃更大的时刻了,如图 2-30(b)所示,此时对应的振铃计数也跳跃至最大值 560 次。上述突变点对应的 AE 累计曲线处于振荡期,综合判断该点为凯塞效应点,对应主应力分量为 16.9 MPa。

通过上述判别方法,可知 1-2 号交岔点各方向岩样的凯塞效应点对应的地应力,并将其列在表 2-2 中。

表 2-2   1-2 号交岔点附近各方向地应力   单位:MPa

应力分量	σ_x	σ_y	σ_z	$\sigma_{x45°y}$	$\sigma_{y45°z}$	$\sigma_{x45°z}$
1 号交岔点	14.20	27.23	23.92	16.84	24.05	15.56
2 号交岔点	16.90	32.50	24.10	18.40	27.63	17.10

关于主应力的计算:根据理论推导公式,本书利用 VB6.0 软件的内置编辑代码器,开发可以计算地应力的矩形视窗(Rectwin)。将表 2-2 中 1-2 号交岔点附近岩样的各方向正应力,输入对应窗口中,获得相应的主应力大小和方向。将计算出的 1-2 号交岔点主应力大小和方向,列在表 2-3 中。

表 2-3   声发射测试的 1-2 号交岔点附近主应力

交岔点	不同方向主应力参数	σ_1	σ_2	σ_3	主应力示意图
1 号交岔点	主应力/MPa	29.18	24.05	11.94	
	与 Ox 正向夹角/(°)	101.03	77.74	20.55	
	与 Oy 正向夹角/(°)	15.78	94.11	79.79	
	与 Oz 正向夹角/(°)	98.75	162.28	76.47	
2 号交岔点	主应力/MPa	32.75	24.26	13.56	
	与 Ox 正向夹角/(°)	80.67	100.35	25.98	
	与 Oy 正向夹角/(°)	168.85	98.64	92.95	
	与 Oz 正向夹角/(°)	92.85	18.27	75.97	

2.5.1 深部硬岩巷道耦合承载区力学特性对巷道稳定性影响分析

数值模拟主要分析对象为巷道开挖-支护过程中,围岩耦合承载区应力场分布(如切向应力、径向应力和剪应力)、围岩弹塑性位移和巷道塑性区范围等。

通过模拟,获得1号交岔点巷道在不同工程条件下围岩耦合承载区次生应力分布,结合围岩塑性破坏特征判断巷道变形失稳机理,如图2-31至图2-33所示。

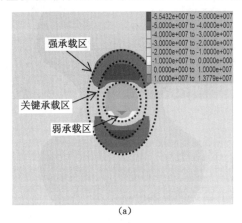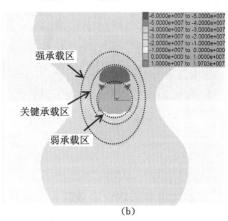

图 2-31　1号交岔点耦合承载区力学特征
(a) 开挖后;(b) 支护后

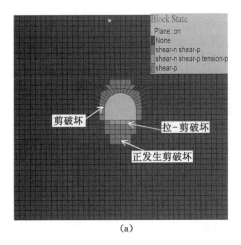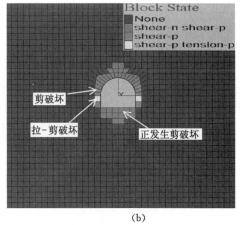

图 2-32　1号交岔点塑性破坏状态
(a) 开挖后;(b) 支护后

由图2-31可以看出,巷道开挖后,裸巷相较支护巷道的"强承载区"(即切向应力集中区)远离巷道壁面,且承载范围增大、承载能力减小,因为1号交岔点处为硬岩层,受高水平应力作用时应力集中程度较为明显,其峰值应力分别是55 MPa、60 MPa。由图2-32可以看出,巷道顶底板已破坏的"shear-p"和表示正在破坏的"shear-now"范围呈增大趋势,其中巷道顶板和拱肩附近的围岩松动范围增大最为明显,需要加强支护。由图2-33可以看出,裸巷最大位移发生在巷道底板,大小为2.5 cm,支护后位移减小了1.05 cm。

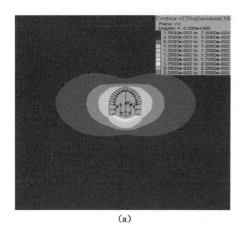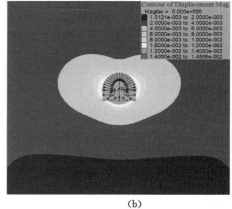

图 2-33　1 号交岔点巷道变形状况

（a）开挖后；（b）支护后

2.5.2　深部软岩巷道耦合承载区力学特性对巷道稳定性影响分析

此处通过模拟，获得 2 号交岔点巷道在不同的工程条件下围岩次生应力分布图，结合围岩塑性破坏状态，判断围岩变形失稳机理，如图 2-34 至图 2-36 所示。

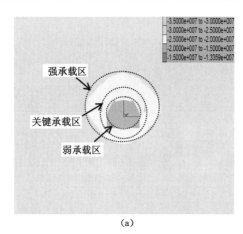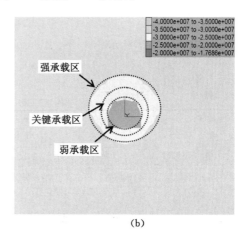

图 2-34　2 号交岔点耦合承载区力学特征

（a）开挖后；（b）支护后

由图 2-34 可以看出，巷道开挖后，支护使得巷道的"强承载区"（即切向应力集中区）靠近巷道壁面，且承载范围减小、承载能力增大，由于 2 号交岔点处为软弱岩层，受高水平应力作用时，其应力集中程度相较 1 号交岔点不大，其峰值应力分别是 35 MPa、40 MPa。由图 2-35 可以看出，巷道顶底板已破坏的"shear-p"和表示正在破坏的"shear-now"范围呈增大趋势，其中巷道顶板和拱肩附近的围岩松动范围增大最为明显，需要加强支护。由图 2-36 可以看出，裸巷最大位移发生在巷道底板，大小为 2.6 cm，支护后位移减小了 0.96 cm。

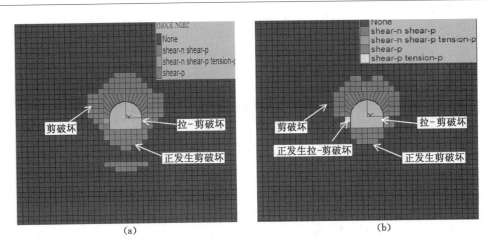

图 2-35 2 号交岔点塑性破坏状态

(a) 开挖后；(b) 支护后

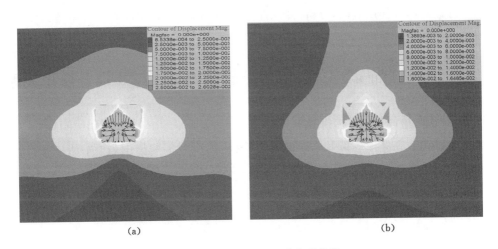

图 2-36 2 号交岔点巷道变形状况

(a) 开挖后；(b) 支护后

3 深部巷道"强-弱-关键"耦合承载区弹塑性力学理论研究

理论研究深部巷道承载结构稳定性及其对巷道破坏特性影响,为下文中巷道结构性失稳支护设计提供理论基础。采用如下方法:考虑岩石力学性质和围岩耦合承载区力学模型,推导耦合承载区与巷道破坏特性的耦合作用方程,建立 1-2 号交岔点巷道"开挖卸荷-支护加固"的围岩力学模型。应用理论基础:统一强度准则、软岩应变软化-扩容本构模型和硬岩损伤本构模型,推导开挖卸荷和支护加固过程中围岩弹塑性力学方程。研究耦合承载区与巷道破坏特性的耦合作用机制,分析"开挖卸荷-支护加固"过程中围岩耦合承载区稳定性的影响因素。

3.1 深部巷道"强-弱-关键"耦合承载区力学模型及耦合作用关系

3.1.1 深部巷道耦合承载区力学模型

根据围岩次生应力分布和围岩强度劣化特征,提出深部巷道围岩"强-弱-关键"耦合承载区力学承载结构,结合前文关于耦合承载区划分方法,建立深部巷道"强-弱-关键"耦合作用力学模型,如图 3-1 所示。

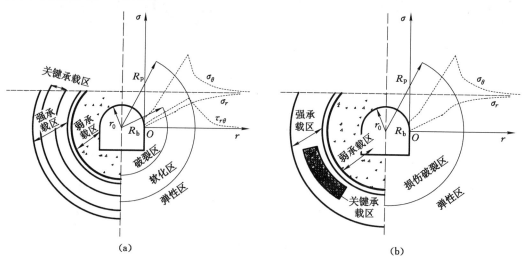

图 3-1 深部巷道耦合承载区力学模型
(a) 深部软岩巷道耦合承载区;(b) 深部硬岩巷道耦合承载区

根据图 3-1 中围岩"强-弱-关键"耦合承载区力学模型和承载范围,建立耦合承载区与巷道破坏特性之间作用关系,有助于阐述巷道结构性失稳机理,下面将结合软岩巷道和硬岩巷道分别进行介绍。

3.1.2 深部软岩巷道耦合承载区与巷道破坏特征耦合作用关系

根据各承载区的内-外边界,建立其与巷道破坏特征(破裂与软化区半径、巷道塑性位移等)之间关系,从而获得耦合承载区对巷道破坏特征的影响规律。

(1)"弱承载区"厚度由两部分组成:破裂区全部和软化区一部分,第一部分破裂区的厚度为:

$$T_{\text{fracture}}^{\text{weak}} = R_{\text{b}} - r_0 \tag{3-1}$$

式中,R_{b}、r_0 分别为破裂区边界、巷道半径,m。

第二部分为软化区部分,其应力不等式为:

$$\sigma_\theta^{\text{bp}} \leqslant \sigma_\theta^{\text{p}} \leqslant 1.1 p_0 \tag{3-2}$$

式中,σ_θ^{p}、$\sigma_\theta^{\text{bp}}$ 分别为软化区、破裂-软化交界面处的切向应力,MPa。

当等式成立时,即

$$2\sigma_\theta^{\text{p}} = \sigma_\theta^{\text{bp}} + 1.1 p_0 \tag{3-3}$$

由等式(3-3)可求出"弱承载区"外边界 R_{weak} 表达式,进而可根据其外边界设计巷道第一层造壳支护。

(2)"关键承载区"主要存在于应力集中区内。

结合式(2-2),可得其应力不等式为:

$$\tau_{\text{s}} \leqslant \frac{\sigma_\theta^{\text{p}} - \sigma_r^{\text{p}}}{2} \leqslant \frac{\sigma_\theta^{\text{max}} - \sigma_r^{\text{ep}}}{2} \tag{3-4}$$

式中,τ_{s}、σ_r^{p} 和 σ_r^{ep} 分别为屈服剪应力、软化区和弹性-软化交界处的径向应力。

由于在弹性区和软化区中表达式(3-4)形式一致,所以当等式成立时,即

$$\sigma_\theta^{\text{p}} - \sigma_r^{\text{p}} = 2\tau_{\text{s}} + \sigma_\theta^{\text{max}} - \sigma_r^{\text{ep}} \tag{3-5}$$

由等式(3-5),便可求出"关键承载区"外边界 R_{key}。

(3)"强承载区"也分为两部分。

其中,第一部分在软化区中厚度表达式为:

$$T_{\text{soften}}^{\text{main}} = R_{\text{p}} - R_{\text{weak}} \tag{3-6}$$

式中,R_{p} 为软化区边界,m。

第二部分在弹性区中,满足应力不等式:

$$1.2 p_0 \leqslant \sigma_\theta^{\text{e}} \leqslant \sigma_\theta^{\text{max}} \tag{3-7}$$

式中,σ_θ^{e}、$\sigma_\theta^{\text{max}}$ 分别为弹性区、峰值切向应力,MPa。

当等式成立时,即

$$2\sigma_\theta^{\text{p}} = 1.2 p_0 + \sigma_\theta^{\text{max}} \tag{3-8}$$

由等式(3-8),可以求得"强承载区"的内边界。

当等式成立时,即

$$2\sigma_\theta^{\text{e}} = 1.2 p_0 + \sigma_\theta^{\text{max}} \tag{3-9}$$

由等式(3-9),可以求得"强承载区"的外边界 R_{main} 表达式。

式中,峰值切向应力 $\sigma_\theta^{\text{max}}$ 可依据弹性区应力求得:当 $r = r_0$ 时,$\sigma_\theta^{\text{max}} = (\sigma_\theta^{\text{e}})_{r=r_0} = 2p_0 - p_{\text{c}}$。$p_{\text{c}}$ 为支护反力,MPa。

3.1.3 深部硬岩巷道耦合承载区与巷道破坏特征耦合作用关系

建立承载区与巷道破坏特征参数(损伤区半径、巷道塑性位移等)之间关系。

(1)"弱承载区":考虑软岩应力集中系数取值为1.1,硬岩应力集中系数取值为1.2,该区域存在于损伤区内,其内边界为巷道半径。其外边界求解方法如下。

当等式成立时,即

$$\sigma_\theta^D = 1.2 p_0 \tag{3-10}$$

由等式(3-10),求解出硬岩"弱承载区"的外边界表达式 R_{weak}。

(2)"关键承载区":主要存在于弹性区和损伤区内,结合式(2-2)可得"关键承载区"中应力满足不等式:

$$\tau_s \leqslant \frac{\sigma_\theta^e - \sigma_r^e}{2} \leqslant \frac{\sigma_\theta^{max} - \sigma_r^{eD}}{2} \tag{3-11}$$

依据式(3-11),可求出"关键承载区"外边界 R_{key}。

(3)"强承载区"分为两部分:其中一部分在损伤区,另一部分在弹性区。

其外边界求解,可根据弹性区中应力不等式,即

$$1.3 p_0 \leqslant \sigma_\theta^e \leqslant \sigma_\theta^{max} \tag{3-12}$$

当等式成立时,即

$$2\sigma_\theta^e = 1.3 p_0 + \sigma_\theta^{max} \tag{3-13}$$

进而,可得"强承载区"外边界 R_{main} 表达式。

式中,峰值切向应力 σ_θ^{max} 可依据弹性区应力求得:当 $r = r_0$ 时,$\sigma_\theta^{max} = (\sigma_\theta^e)_{r=r_0} = 2 p_0$。

3.2 深部巷道"强-弱-关键"耦合承载区弹塑性力学分析理论基础

3.2.1 深部巷道开挖-支护过程围岩力学模型

(1)软岩巷道围岩力学模型

为便于理论分析,本书作出如下假设:围岩为均质、各向同性岩体;巷道可简化为平面应变问题;掘巷前处于静水压力场,即原岩应力大小为 p_0;掘巷后软岩划分为周边产生半径为 R_b 的破裂区和 R_p 的软化区,假定支护作用于破裂区内。建立软岩巷道"开挖卸荷-支护加固"过程围岩力学模型,如图 3-2 所示。

图 3-2(a)为巷道开挖卸荷围岩力学模型,由于支护无法立即施加,但开挖卸荷导致围岩变形无法立即释放,于是提供了围岩压力相反方向"虚拟支护阻力" p_i^*。

图 3-2(b)为巷道支护加固围岩力学模型。假定锚杆支护作用区域为围岩破裂区,此时的巷壁提供的支护力为 p_c,由"虚拟支护阻力" p_i^* 和锚杆支护力 p_i 共同组成,两者此消彼长,即 p_i^* 不断减小,p_i 不断增大,直至巷道围岩平衡。

其中,卸荷"虚拟支护阻力"表达式求解。根据已有研究可知,由于开挖面卸荷效应影响,作用于无支护巷道断面上的荷载不会立即释放至初始值,而要经历一个过程。该释放荷载表达式为:

$$p_0(t) = p_0(1 - 0.7 e^{-mt}) \tag{3-14}$$

式中,$m = \dfrac{3.15V}{2r_0}$,d^{-1};V 为平均掘巷速度,m/d;r_0 为圆形巷道半径,m;t 为从断面开挖

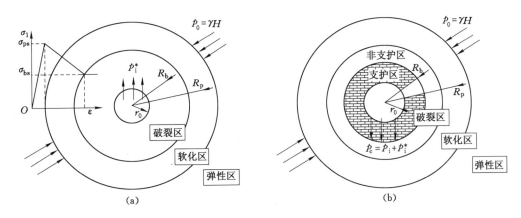

图 3-2　深部软岩巷道围岩力学模型

(a)开挖卸荷力学模型；(b)支护加固力学模型

瞬间的起始时间,d。

由此可知,开挖卸荷效应产生的"虚拟支护阻力"表达式为:

$$p_i^* = p_0 - p_0(t) = 0.7p_0 \mathrm{e}^{-mt} \tag{3-15}$$

下文中关于掘巷速度的算例,即事先假定开挖持续时间一定。角标"e""p""b""bm"分别表示弹性、软化区和"非支护"破裂区、"支护"破裂区。

(2)硬岩巷道围岩力学模型

根据巷道开挖-支护工程背景,建立硬岩巷道开挖面力学模型。为便于理论分析,本书作出如下假设:围岩周边产生半径为 R_D 的损伤区。事先假定支护仅存在于损伤区,于是将围岩损伤区划分为"锚网喷"支护区以及"非锚网喷"区。上述假设,可简化为图 3-3。

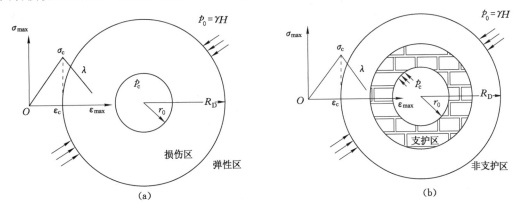

图 3-3　深部硬岩巷道围岩力学模型

(a)开挖卸荷力学模型；(b)支护加固力学模型

3.2.2　考虑增量型本构关系的统一强度准则

由于统一强度准则较其他强度准则能够较好地适用于各种类型的岩石材料分析,考虑岩石塑性过程对强度准则表达式的影响,文中采用增量型本构关系简化统一强度准则,根据增量型本构关系有:

$$\frac{2\sigma_z - \sigma_r - \sigma_\theta}{2\sigma_r - \sigma_z - \sigma_\theta} = \frac{\mathrm{d}\varepsilon_z}{\mathrm{d}\varepsilon_r} \tag{3-16}$$

对于平面应变问题，$\varepsilon_z = 0$ 为常量，则 $\mathrm{d}\varepsilon_z = 0$，将其代入式（3-3），可得：

$$\sigma_z = \frac{\sigma_\theta + \sigma_r}{2} \tag{3-17}$$

整理得增量型本构关系下统一屈服理论表达式：

$$\sigma_\theta = k_\varphi \sigma_r + \sigma_c \tag{3-18}$$

式中，$k_\varphi = \dfrac{1 + \sin \varphi_t}{1 - \sin \varphi_t}$；$\sigma_c = \dfrac{2c_t \cos \varphi_t}{1 - \sin \varphi_t}$，MPa；$\sin \varphi_t = \dfrac{2(1 + b)\sin \varphi_0}{2 + b(1 + \sin \varphi_0)}$，$c_t = \dfrac{2(1 + b)c_0 \cos \varphi_0}{2 + b(1 + \sin \varphi_0)} \dfrac{1}{\cos \varphi_t}$。

式中，b 为反映中间主应力作用的系数，当统一屈服准则参数 $b = 0$ 时，该准则退化为 M-C 屈服准则，当 $b = 1$ 时为双剪应力屈服准则，当 $0 < b < 1$ 时为一系列新的屈服准则；c_0 为内聚力，MPa；φ_0 为内摩擦角，(°)。

3.2.3 围岩-支护耦合力学模型

为充分体现围岩-支护的耦合作用过程，目前主要的方法是通过修正平衡微分方程中微单元体的体积力，即将锚杆单元的体应力及其预紧力反映在平衡微分方程中。其原理如图 3-4 和图 3-5 所示。

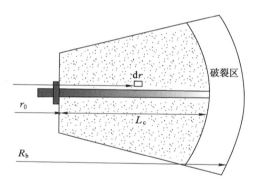

图 3-4 锚网喷破裂区力学模型

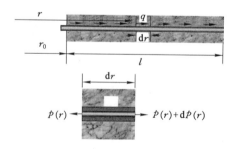

图 3-5 锚杆与围岩耦合作用模型

平衡微分方程有如下两种表述方式。

（1）非支护区

$$\frac{\mathrm{d}\sigma_r}{\mathrm{d}r} + \frac{\sigma_r - \sigma_\theta}{r} = 0 \tag{3-19}$$

式中，r 为塑性区内任一单元体的径向距离，m。

（2）支护区

$$\frac{\mathrm{d}\sigma_r^{\mathrm{bm}}}{\mathrm{d}r} + \frac{\sigma_r^{\mathrm{bm}} - \sigma_\theta^{\mathrm{bm}}}{r} + k_r = 0 \tag{3-20}$$

式中，k_r 为单元体径向体积力，kN/m³。

假设锚杆与围岩之间耦合，且没有滑动，则：

$$\mathrm{d}p(r) = A_{\mathrm{bm}}\mathrm{d}\sigma_r^{\mathrm{bm}} \tag{3-21}$$

单元体的体积为：

$$\mathrm{d}V = \frac{r}{r_0}f_1 f_2 \mathrm{d}r \tag{3-22}$$

式中，A_{bm} 为锚杆截面积，mm²；f_1、f_2 分别为锚杆的间排距，mm。

将锚杆的锚固力简化为径向体积力 k_{r1}，即

$$k_{r1} = \frac{\mathrm{d}p(r)}{\mathrm{d}V} = \frac{A_{\mathrm{bm}}r_0 \cdot \mathrm{d}\sigma_r^{\mathrm{bm}}}{f_1 f_2 r \cdot \mathrm{d}r} \tag{3-23}$$

在预紧力不是很大的情况下，预紧力沿锚杆大体呈线性分布，即

$$p_{\mathrm{i}}(r) = p_{\mathrm{i}}\left(1 - \frac{r - r_0}{l_{\mathrm{c}}}\right) \tag{3-24}$$

式中，l_{c} 为锚杆有效长度，m；$p_{\mathrm{i}}(r)$ 为预紧力 p_{i} 引起的径向力，MPa；而预紧力 p_{i} 引起的体积力为：

$$k_{r2} = \frac{\mathrm{d}p_{\mathrm{i}}(r)}{\mathrm{d}V} = -\frac{p_{\mathrm{i}}r_0}{f_1 f_2 l_{\mathrm{c}}}\frac{1}{r} \tag{3-25}$$

因此，该锚注区内等效的体积力 k_r 为：$k_r = k_{r1} + k_{r2}$。

3.2.4 软岩扩容-软化本构模型

（1）剪胀扩容方程

考虑软化区和破裂区岩体发生扩容，用图 3-6 简化描述扩容系数与应变之间关系。

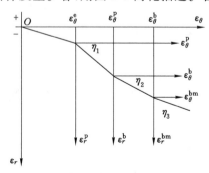

图 3-6 软岩扩容模型

考虑塑性软化区和破裂区岩体发生扩容。在软化区，围岩扩容流动法则为：

$$\Delta\varepsilon_r^{\mathrm{p}} + \eta_1 \Delta\varepsilon_\theta^{\mathrm{p}} = 0 \tag{3-26}$$

式中，η_1 为软化区的扩容系数。$\varepsilon_\theta^{\mathrm{p}}$、$\varepsilon_z^{\mathrm{p}}$ 分别为巷道切向、径向应变。

研究表明，屈服函数 F 形式可用来表达塑性势函数 G，只需将 F 替换成 G 即可。依据塑性势理论，可知塑性应变增量表达式为：

$$d\varepsilon_{ij}^p = d\lambda \frac{\partial G}{\partial \sigma_{ij}} \tag{3-27}$$

式中，$d\varepsilon_{ij}^p$ 为塑性应变增量；σ_{ij} 为应力张量；$d\lambda$ 是与塑性势函数相关联的比例系数，$d\lambda > 0$。

联合式（3-18）和式（3-27），可得：

$$\eta_1 = k_\psi \tag{3-28}$$

式中，$k_\psi = \dfrac{1 + \sin \psi_t}{1 - \sin \psi_t}$；$\sin \psi_t = \dfrac{2(1+b)\sin \psi}{2 + b(1 + \sin \psi)}$；$\psi$ 为剪胀角。

"非支护"破裂区，扩容流动法则为：

$$\Delta\varepsilon_r^b + \eta_2 \Delta\varepsilon_\theta^b = 0 \tag{3-29}$$

式中，η_2 为"非支护"破裂区的扩容系数，一般可取 $\eta_2 = 1.3 \sim 1.5$。

在"支护"破裂区，扩容流动法则为：

$$\Delta\varepsilon_r^{bm} + \eta_3 \Delta\varepsilon_\theta^{bm} = 0 \tag{3-30}$$

式中，η_3 为"支护"破裂区的扩容系数。

（2）软化区和破裂区力学参数

在岩石的峰后应变软化过程中，随着塑性应变的增加，其 c 值和 φ 值会逐渐减小至残余值，假设软化过程呈现为线性软化特征，如图 3-7 所示。

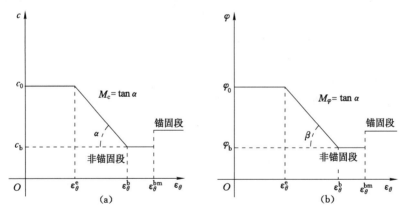

图 3-7　强度参数软化模型

（a）内聚力软化模型；（b）内摩擦角软化模型

在塑性软化区，有：

$$\sigma_\theta^p = k_\varphi^p \sigma_r^p + \sigma_c^p \tag{3-31}$$

式中，$k_\varphi^p = \dfrac{1 + \sin \varphi_t^p}{1 - \sin \varphi_t^p}$；$\sigma_c^p = \dfrac{2c_t^p \cos \varphi_t^p}{1 - \sin \varphi_t^p}$，MPa；$\sin \varphi_t^p = \dfrac{2(1+b)\sin \varphi_p}{2 + b(1 + \sin \varphi_p)}$；$c_t^p = \dfrac{2(1+b)c_p \cos \varphi_p}{2 + b(1 + \sin \varphi_p)} \dfrac{1}{\cos \varphi_t^p}$，MPa。

其中，$\varphi_p = \varphi_0 - M_\varphi(\varepsilon_\theta^p - \varepsilon_\theta^e)$、$c_p = c_0 - M_c(\varepsilon_\theta^p - \varepsilon_\theta^e)$ 随 ε_θ^p，ε_r^p 的变化而变化，并由下文中

$$\varepsilon_\theta - (\varepsilon_\theta^e)_{R_p} = \frac{2(1+\nu)(p_0 - p_c)}{E(1+\eta_1)} \left(\frac{r_0}{R_p}\right)^2 \left[\left(\frac{R_p}{r}\right)1 + \eta_1 - 1\right]$$ 联合推导得到；相应的内聚力软

化模量 M_c，内摩擦角软化模量 M_φ 根据有效的塑性应变增量 $\Delta\varepsilon_\theta^p$ 和 $\Delta c = c_0 - c_b$ 的比值来确定；c_b、φ_b 分别为破裂区的内聚力和内摩擦角。

由此可知，"非支护"破裂区和"支护"破裂区强度表达式为：

$$\sigma_\theta^b = k_\varphi^b \sigma_r^b + \sigma_c^b \tag{3-32}$$

$$\sigma_\theta^{bm} = k_\varphi^{bm} \sigma_r^{bm} + \sigma_c^{bm} \tag{3-33}$$

式中，k_φ^b、σ_c^b、k_φ^{bm}、σ_c^{bm} 分别为"非支护"区和"支护"区内摩擦角、内聚力表达式。

3.2.5　硬岩脆性损伤本构模型

针对深部硬岩巷道，当裸巷周围荷载超出应力强度极限时，围岩会进入损伤演化阶段，由损伤变量来表示围岩的损伤演化程度，其原理如图 3-8 所示。

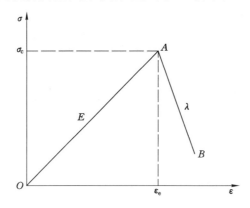

图 3-8　Bui 损伤模型应力-应变关系

通过单轴压缩试验，获得硬岩的一维 Bui 损伤演化方程：

$$D = \begin{cases} 0 & (\varepsilon \leqslant \varepsilon_c) \\ \dfrac{\lambda}{E}\left(\dfrac{\varepsilon}{\varepsilon_c} - 1\right) & (\varepsilon \geqslant \varepsilon_c) \end{cases} \tag{3-34}$$

在平面应变情况下，根据 Levy-Mises 本构关系式，可知在平面应变问题中 σ_z 为：

$$\sigma_z = \frac{\sigma_\theta + \sigma_r}{2} \tag{3-35}$$

引入有效应力 σ_i 和有效应变 ε_i，将一维问题引入三维，其表达式对于广义平面应变问题有：

$$\sigma_i = \frac{1}{\sqrt{2}}\sqrt{(\sigma_\theta - \sigma_r)^2 + (\sigma_r - \sigma_z)^2 + (\sigma_z - \sigma_\theta)^2} = = \frac{\sqrt{3}}{2}(\sigma_\theta - \sigma_r) \tag{3-36}$$

在平面应变条件下，几何方程如下：

$$\varepsilon_r = \frac{\mathrm{d}u}{\mathrm{d}r}, \varepsilon_\theta = \frac{u}{r} \tag{3-37}$$

假设损伤状态下围岩不可压缩[12]，即有 $\varepsilon_r + \varepsilon_z + \varepsilon_\theta = 0$，同时有 $\varepsilon_z = 0$，并有"弹-脆性"区边界条件 $r = R_p$ 时，$\varepsilon_r = \varepsilon_c$，结合几何方程(3-37)，可得损伤区内的等效应变：

$$\varepsilon_i = \frac{\sqrt{2}}{3}\sqrt{(\varepsilon_\theta - \varepsilon_r)^2 + (\varepsilon_r - \varepsilon_z)^2 + (\varepsilon_z - \varepsilon_\theta)^2} = \frac{R_D^2}{r^2}\varepsilon_c \tag{3-38}$$

将式(3-38)代入式(3-34)，可得三维非线性连续损伤演化方程：

$$D(r) = \frac{\lambda}{E}\left(\frac{R_D^2}{r^2} - 1\right) \quad (r_0 \leqslant r \leqslant R_D) \tag{3-39}$$

由损伤力学应变等效性假说可知，岩石损伤本构关系可表示为：

$$\hat{\boldsymbol{\sigma}}_{ij} = \frac{\boldsymbol{\sigma}_{ij}}{1 - D_{ij}} \tag{3-40}$$

式中，$\hat{\boldsymbol{\sigma}}_{ij}$ 为有效应力矩阵；$\boldsymbol{\sigma}_{ij}$ 为名义应力矩阵；D_{ij} 为岩石损伤变量。

整理得开挖过程中统一屈服准则表达式：

$$\sigma_\theta = k_\varphi \sigma_r + \sigma_c[1 - D(r)] \tag{3-41}$$

于是支护时统一屈服准则表达式为：

$$\sigma_\theta^m = k_\varphi^m \sigma_r^m + \sigma_c^m[1 - D_m(r)] \tag{3-42}$$

式中，k_φ^m、α_m 和 D_m 为"锚网喷"区的抗剪强度参数和损伤变量。

3.3 深部巷道"强-弱-关键"耦合承载区弹塑性力学分析

3.3.1 软岩巷道耦合承载区围岩弹塑性力学分析

（1）弹性区应力

针对弹性区的应力解，有：

$$\begin{cases} \sigma_\theta^e = p_0\left(1 + \frac{r_0^2}{r^2}\right) - p_c\frac{r_0^2}{r^2} \\ \sigma_r^e = p_0\left(1 - \frac{r_0^2}{r^2}\right) + p_c\frac{r_0^2}{r^2} \end{cases} \tag{3-43}$$

式中，r 为围岩任意一点的半径，m。

弹性区径向位移为：

$$u_e = \frac{(1+\nu)r}{E}\left[p_0(1-2\nu) + (p_0 - p_c)\left(\frac{r_0}{r}\right)^2\right] \tag{3-44}$$

其中，围岩发生屈服是由于弹性区应力达到屈服应力的临界值，所以由式(3-18)和式(3-43)联立，可得：

$$p_0 = \frac{p_c\frac{r_0^2}{r^2}(1+k_\varphi) + \sigma_c}{1 - k_\varphi + (1+k_\varphi)\frac{r_0^2}{r^2}} \tag{3-45}$$

围岩屈服开始于巷道周边，此时式(3-45)处于最小值，此即围岩屈服时的原岩应力阈值 p_0^*，即

$$p_0^* = \frac{p_c(1+k_\varphi) + \sigma_c}{2} \tag{3-46}$$

（2）软化区、破裂区应力

联立式(3-19)和式(3-31)，并由边界条件 $r = R_p$ 时 $\sigma_r^e = \sigma_r^p$，可得软化区应力：

$$\begin{cases} \sigma_\theta^p = k_\varphi^p \sigma_r^p + \sigma_c^p \\ \sigma_r^p = \left(\dfrac{r}{R_p}\right)^{k_\varphi^p-1}\left[p_0 + (p_c - p_0)\left(\dfrac{r_0}{R_p}\right)^2 + \dfrac{\sigma_c^p}{k_\varphi^p - 1}\right] - \dfrac{\sigma_c^p}{k_\varphi^p - 1} \\ \sigma_z^p = \dfrac{(k_\varphi^p + 1)\sigma_r^p + \sigma_c^p}{2} \end{cases} \tag{3-47}$$

同理,可得"支护"破裂区应力:

$$\begin{cases} \sigma_\theta^{bm} = k_\varphi^{bm} \sigma_r^{bm} + \sigma_c^{bm} \\ \sigma_r^{bm} = \left(\dfrac{A_{bm} + f_1 f_2 \dfrac{r}{r_0}}{A_{bm} + f_1 f_2}\right)^{k_\varphi^{bm}-1}\left[p_c + \dfrac{\sigma_c^{bm} + \dfrac{p_i r_0}{f_1 f_2 l_c}}{k_\varphi^{bm} - 1}\right] - \dfrac{\sigma_c^{bm} + \dfrac{p_i r_0}{f_1 f_2 l_c}}{k_\varphi^{bm} - 1} \\ \sigma_z^{bm} = \dfrac{(k_\varphi^{bm} + 1)\sigma_r^{bm} + \sigma_c^{bm}}{2} \end{cases} \tag{3-48}$$

以及"非支护"破裂区应力:

$$\begin{cases} \sigma_\theta^b = k_\varphi^b \sigma_r^b + \sigma_c^b \\ \sigma_r^b = \left(\dfrac{r}{l_c}\right)^{k_\varphi^b-1}\left[\left(\dfrac{A_{bm} + f_1 f_2 \dfrac{r}{r_0}}{A_{bm} + f_1 f_2}\right)^{k_\varphi^b-1}\left(p_c + \dfrac{\sigma_c^b}{k_\varphi^b - 1} + \dfrac{p_i r_0}{f_1 f_2 l_c(k_\varphi^b - 1)}\right) - \dfrac{p_i r_0}{f_1 f_2 l_c(k_\varphi^b - 1)}\right] - \dfrac{\sigma_c^b}{k_\varphi^b - 1} \\ \sigma_z^b = \dfrac{(k_\varphi^b + 1)\sigma_r^b + \sigma_c^b}{2} \end{cases}$$

$$\tag{3-49}$$

(3) 软化区、破裂区位移

软化区内总应变为:

$$\begin{cases} \varepsilon_r = (\varepsilon_r^e)_{r=R_p} + \Delta\varepsilon_r^p \\ \varepsilon_\theta = (\varepsilon_\theta^e)_{r=R_p} + \Delta\varepsilon_\theta^p \end{cases} \tag{3-50}$$

联立式(3-37)、式(3-44)和式(3-50),并由边界条件 $r = R_p$ 时 $u_e = u_p$,可得软化区位移:

$$u_p = \dfrac{r}{1+\eta_1}\left[G + \dfrac{2(1+\nu)(p_0 - p_c)}{E}\left(\dfrac{r_0}{R_p}\right)^2\left(\dfrac{R_p}{r}\right)^{1+\eta_1}\right] \tag{3-51}$$

式中, $G = \dfrac{1+\nu}{E}\left[p_0(1-2\nu)(1+\eta_1) + (p_0 - p_c)\left(\dfrac{r_0}{R_p}\right)^2(\eta_1 - 1)\right]$。

"非支护"破裂区内总应变为:

$$\begin{cases} \varepsilon_r = (\varepsilon_r^p)_{r=R_b} + \Delta\varepsilon_r^b \\ \varepsilon_\theta = (\varepsilon_\theta^p)_{r=R_b} + \Delta\varepsilon_\theta^b \end{cases} \tag{3-52}$$

联立式(3-37)、式(3-51)和式(3-52),并由边界条件 $r = R_b$ 时 $u_p = u_b$,得"非支护"区位移:

$$u_b = \left[\dfrac{A}{1+\eta_2} + \dfrac{2(1+\nu)(p_0 - p_c)}{E(1+\eta_2)}\left(\dfrac{r_0}{R_p}\right)^2\left(\dfrac{R_p}{R_b}\right)^{1+\eta_1}\left(\dfrac{R_b}{r}\right)^{1+\eta_2}\right]r \tag{3-53}$$

由式(3-53)可知软化区内界面位移为:

$$u^{d-s} = \left[\dfrac{A}{1+\eta_2} + \dfrac{2(1+\nu)(p_0 - p_c)}{E(1+\eta_2)}\left(\dfrac{r_0}{R_p}\right)^2\left(\dfrac{R_p}{R_b}\right)^{1+\eta_1}\right]R_b \tag{3-54}$$

同理可得"支护"破裂区内位移为：

$$u_{bm} = \frac{B}{1+\eta_3}r - \left(\frac{B}{1+\eta_3} - \frac{A}{1+\eta_2}\right)\frac{l_c^{1+\eta_3}}{r^{\eta_3}}\frac{\eta_2-1}{\eta_3-1} \tag{3-55}$$

由式(3-55)可知巷道周边位移为：

$$u_{bm}\big|_{r=r_0} = \frac{B}{1+\eta_3}r_0 - \left(\frac{B}{1+\eta_3} - \frac{A}{1+\eta_2}\right)\frac{l_c^{1+\eta_3}}{r_0^{\eta_3}}\frac{\eta_2-1}{\eta_3-1} \tag{3-56}$$

（4）软化区和破裂区范围

软化区和破裂区交界点，即 $r=R_b$ 时，软化区抗剪强度参数降至残余值，即 $c_p\big|_{r=R_b}=c_b$ 且 $\varphi_p\big|_{r=R_b}=\varphi_b$，可得软化区半径与破裂区半径之比为：

$$\begin{cases} \dfrac{R_p}{R_b} = \left[\dfrac{c_0-c_b+D_c}{D_c}\left(\dfrac{R_p}{r_0}\right)^2\right]^{\frac{1}{1+\eta_1}} \\ \\ D_c = \dfrac{2M_c(1+\nu)(p_0-p_c)}{E(1+\eta_1)} \end{cases} \tag{3-57}$$

在"弹性-软化"交界处，即 $r=R_p$ 时，有应力连续条件 $\sigma_\theta^e=\sigma_\theta^p$，代入式(3-43)和式(3-47)的第一式中，得软化区半径为：

$$R_p = r_0\sqrt{\frac{(p_0-p_c)(1+k_\varphi)}{(k_\varphi-1)p_0+\sigma_c}} \tag{3-58}$$

求出 R_p 后，联立式(3-44)可求出破裂区半径 R_b，即

$$R_b = r_0\sqrt{\frac{(p_0-p_c)(1+k_\varphi)}{(k_\varphi-1)p_0+\sigma_c}}\left[\frac{D_c}{c_0-c_b+D_c}\left(\frac{r_0}{R_p}\right)^2\right]^{\frac{1}{1+\eta_1}} \tag{3-59}$$

3.3.2 硬岩巷道耦合承载区围岩弹塑性力学分析

（1）开挖后次生应力场

根据弹性力学中轴对称巷道的应力解，假定弹性区应力为：

$$\begin{cases} \sigma_\theta = A + \dfrac{B}{r^2} \\ \\ \sigma_r = A - \dfrac{B}{r^2} \end{cases} \tag{3-60}$$

式中，A、B 均为待定常数。

开挖导致应力场重新分布，由平衡方程(3-19)和屈服方程(3-18)(取式中参数 $b=0.5$)，获得初始损伤应力场：

$$\begin{cases} \sigma_r^D = Cr^{\frac{6\alpha}{1-3\alpha}} + \dfrac{k\lambda R_D^2}{E}r^{-3} - \dfrac{k(\lambda+E)}{3\alpha E} \\ \\ \alpha = \dfrac{\sin\varphi}{\sqrt{3}\sqrt{3+\sin^2\varphi}} \\ \\ k = \dfrac{\sqrt{3}c\cos\varphi}{\sqrt{3+\sin^2\varphi}} \end{cases} \tag{3-61}$$

式中，C 为积分常数。

在巷道壁处，有边界条件 $(\sigma_r^D)_{r=r_0}=0$，得：

$$C = r_0^{\frac{6\alpha}{1-3\alpha}}\left[\frac{k(\lambda+E)}{3\alpha E} - \frac{k\lambda R_D^2}{Er_0^3}\right] \tag{3-62}$$

由此可知损伤区应力场为：

$$
\begin{cases}
\sigma_\theta^D = \dfrac{1+3\alpha}{1-3\alpha}\sigma_r^D + \dfrac{2k}{1-3\alpha}\big[1-D(r)\big] \\[3mm]
\sigma_r^D = \Big(\dfrac{r}{r_0}\Big)^{\frac{6\alpha}{1-3\alpha}}\Big[\dfrac{k(\lambda+E)}{3\alpha E}-\dfrac{k\lambda R_D^2}{Er_0^3}\Big]+\dfrac{k\lambda R_D^2}{Er^3}-\dfrac{k(\lambda+E)}{3\alpha E} \\[3mm]
\sigma_z^D = \dfrac{1}{1-3\alpha}\sigma_r^D + \dfrac{k\big[1-D(r)\big)}{1-3\alpha}
\end{cases}
\tag{3-63}
$$

边界条件：

弹性区：外边界 $r \to \infty$

$$
\sigma_r^e = \sigma_\theta^e = p_0 \tag{3-64}
$$

塑性区：外边界 $r = R_D$

$$
\sigma_r^D = \sigma_r^e \tag{3-65}
$$

$$
\sigma_\theta^D = \sigma_\theta^e \tag{3-66}
$$

由式(3-66)和式(3-65)以及式(3-61)可知,弹性区应力场为：

$$
\begin{cases}
\sigma_\theta^e = p_0 + \dfrac{B}{r^2} \\[3mm]
\sigma_r^e = p_0 - \dfrac{B}{r^2} \\[3mm]
\sigma_z^e = p_0
\end{cases}
\tag{3-67}
$$

式中, $B = R_D^2\Big\{p_0 - \dfrac{k\lambda}{Er} + \dfrac{k(\lambda+E)}{3\alpha E} - \Big(\dfrac{R_D}{r_0}\Big)^{\frac{6\alpha}{1-3\alpha}}\Big[\dfrac{k(\lambda+E)}{3\alpha E}-\dfrac{k\lambda R_D^2}{Er_0^3}\Big]\Big\}$。

（2）支护后次生应力场

支护作用于损伤区锚固范围内的围岩,求解损伤区应力时,依次划分为"支护"区应力、"非支护"区应力,以下具体的推导过程省略,只给出相应的应力场表达式。

"非支护"区应力场,此时该区内的应力场可认为是转移后的开挖区应力场,可得：

$$
\begin{cases}
\sigma_\theta^D = \dfrac{1+3\alpha}{1-3\alpha}\sigma_r^D + \dfrac{2k}{1-3\alpha}\big[1-D(r)\big] \\[3mm]
\sigma_r^D = \Big(\dfrac{r}{r_0}\Big)^{\frac{6\alpha}{1-3\alpha}}\Big[\dfrac{k(\lambda+E)}{3\alpha E}-\dfrac{k\lambda R_D^2}{Er_0^3}\Big]+\dfrac{k\lambda R_D^2}{Er^3}-\dfrac{k(\lambda+E)}{3\alpha E} \\[3mm]
\sigma_z^D = \dfrac{1}{1-3\alpha}\sigma_r^D + \dfrac{k\big[1-D(r)\big]}{1-3\alpha}
\end{cases}
\tag{3-68}
$$

"支护"区应力场,由平衡方程(3-20)和屈服方程(3-33),以及边界条件 $r = r_0$ 时 $\sigma_r^D = p_c$,可得：

$$
\begin{cases}
\sigma_\theta^{Dm} = \dfrac{1+3\alpha_m}{1-3\alpha_m}\sigma_r^{Dm} + \dfrac{2k}{1-3\alpha_m}\big[1-D_m(r)\big] \\[3mm]
\sigma_r^{Dm} = \Big(\dfrac{r}{r_0}\Big)^{\frac{6\alpha_m}{1-3\alpha_m}}\Big[\dfrac{k_m(\lambda_m+E_m)}{3\alpha_m E_m}+\dfrac{p_i r_0(1-3\alpha)}{6\alpha f_1 f_2 l_c}+p_c-\dfrac{k_m\lambda_m R_D^2}{E_m r_0^3}\Big]+ \\[3mm]
\qquad\quad \dfrac{k_m\lambda_m R_D^2}{E_m r^3}-\dfrac{k_m(\lambda_m+E_m)}{3\alpha_m E_m}-\dfrac{p_i r_0(1-3\alpha)}{6\alpha f_1 f_2 l_c} \\[3mm]
\sigma_z^{Dm} = \dfrac{1}{1-3\alpha_m}\sigma_r^{Dm} + \dfrac{k_m\big[1-D_m(r)\big]}{1-3\alpha_m}
\end{cases}
\tag{3-69}
$$

（3）围岩弹塑性位移场

由弹性理论可知弹性区位移场为：

$$\begin{cases} u_e = \dfrac{r}{E}\left[p_0(1-2\nu) - (1+\nu)\dfrac{B}{r^2} \right] \\[3mm] \varepsilon_\theta^e = \dfrac{u_e}{r} \\[3mm] \varepsilon_r^e = \dfrac{u_e}{r} + \dfrac{2B}{Er^2} \end{cases} \tag{3-70}$$

损伤区内总应变求解，在小变形情况下，考虑平面应变状态及材料的不可压缩性，有：

$$\varepsilon_r + \varepsilon_\theta = 0 \tag{3-71}$$

由式(3-71)和式(3-37)可得：

$$\frac{\mathrm{d}u}{\mathrm{d}r} + \frac{u}{r} = 0 \tag{3-72}$$

于是可得位移 u 的表达式：

$$u = \frac{T}{r} \tag{3-73}$$

式中，T 为积分常数。这里所获位移表达式，没有涉及应力-应变关系，表明在弹性区和塑性区中式(3-73)都是成立的。

由式(3-37)可知相应的应变：

$$\varepsilon_\theta = -\varepsilon_r = \frac{T}{r^2} \tag{3-74}$$

结合式(3-71)和平面应变下的广义胡克定律，可知弹性区应变：

$$\varepsilon_\theta = \frac{1}{E}\left[(1+\nu)\frac{B}{r^2} - p_0(1-2\nu) \right] \tag{3-75}$$

联合推导式(3-74)和式(3-75)可知：

$$T = \frac{r^2}{E}\left[(1+\nu)\frac{B}{r^2} - p_0(1-2\nu) \right] \tag{3-76}$$

将式(3-76)代入式(3-73)可得塑性区位移计算公式：

$$u_D = \frac{r}{E}\left[(1+\nu)\frac{B}{r^2} - p_0(1-2\nu) \right] \tag{3-77}$$

3.4 深部巷道"强-弱-关键"耦合承载区与巷道破坏特性耦合作用力学分析

3.4.1 深部巷道地质力学参数

（1）巷道力学参数

根据 1-2 号交岔点硐室提供的钻孔柱状图，可知其分别为典型的深部硬岩和软岩巷道，其围岩分别为中粗砂岩和砂质泥岩。通过力学试验获得的中粗砂岩、砂质泥岩巷道的工程力学参数分别列在表 3-1 和表 3-2 中。

表 3-1			1 号交岔点巷道工程力学参数				
参数	埋深/m	掘巷速度/(m/d)	内聚力/MPa	内摩擦角/(°)	剪切屈服力/MPa	损伤变量 D	E/λ
数值	954	2.5	4.5	30	15.8	0.6	0.3

2 号交岔点围岩为砂质泥岩,其软化模量确定:利用 MTS 进行三轴压缩试验,获得塑性应变增量平均值 $\Delta\varepsilon_1^p = 0.96 \times 10^{-3}$,内聚力、内摩擦角增量的平均值 $\Delta c = 0.36$ MPa、$\Delta\varphi = 1.24°$,可知内聚力、内摩擦角软化模量 $M_c = 400$ MPa、$M_\varphi = 1\ 385°$。其具体的工程地质参数如表 3-2 所示。

表 3-2				2 号交岔点巷道工程力学参数				
参数	埋深/m	掘巷速度/(m/d)	内聚力/MPa	内摩擦角/(°)	剪胀角/(°)	剪切屈服力/MPa	内聚力软化模量 M_c/MPa	内摩擦角软化模量 M_φ/(°)
数值	960	3	2.5	25	10	10.5	400	1 385

(2) 巷道断面修正

根据非圆形巷道形状的修正系数,采用如下计算公式:

$$r_1^* = k\sqrt{\frac{S}{\pi}} \tag{3-78}$$

$$r_2^* = \left[(2h+B) + B^2/(2h+B)\right]/4 \tag{3-79}$$

式中,r_1^* 为当量圆半径,m;s 为巷道实际断面积,m²;k 为巷道断面修正系数,直墙半圆拱断面修正系数 $k = 1.1$;r_2^* 为外接圆半径,m;h 为直墙高,m;B 为巷道净宽,m。

1-2 号交岔点硐室形状为直墙半圆拱形,实际尺寸为(图 3-9):巷宽 6 m,拱高 3 m,直墙高 2 m,根据式(3-78)、式(3-79)计算出当量圆半径 $r_1^* = 3.633$ m、$r_2^* = 3.250$ m。巷道尺寸越大,对其周围原岩应力场的扰动也越大,取影响较大的 $r_1^* = 3.633$ m 为当量圆半径。

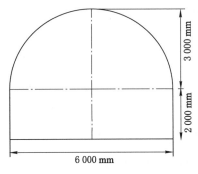

图 3-9　深部巷道断面图

3.4.2　深部硬岩巷道耦合承载区与围岩弹塑性破坏耦合作用分析

以下相关计算,参考上文算例中给出的硬岩数据,均采用单因素分析法,研究承载区对围岩破坏特征影响,即考虑各承载区边界与损伤区半径 R_D、损伤位移 u_D 之间关系。

(1) "弱承载区"外边界对围岩破坏特征影响

由 $\sigma_\theta^D \leqslant 1.2p_0$,当等式成立时,结合式(3-63)和式(3-77)可得:

$$\begin{cases} \frac{1+3\alpha}{1-3\alpha}\left\{\left(\frac{r}{r_0}\right)^{\frac{6\alpha}{1-3\alpha}}\left[\frac{k(\lambda+E)}{3\alpha E}-\frac{k\lambda R_D^2}{Er_0^3}\right]+\frac{k\lambda R_D^2}{Er^3}-\frac{k(\lambda+E)}{3\alpha E}\right\}+ \\ \frac{2k}{1-3\alpha}[1-D(r)]=1.2p_0 \\ u_D=\frac{r}{E}\left[p_0(1-2\nu)-(1+\nu)\frac{B}{r^2}\right] \end{cases} \quad (3-80)$$

由式(3-80)迭代计算,获得数据,经拟合结果如图3-9所示。

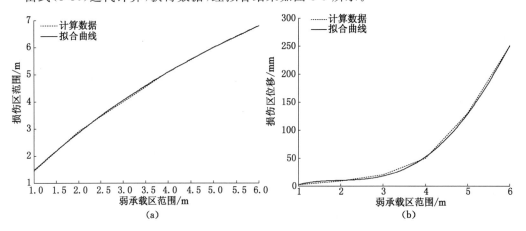

图 3-10 弱承载区对损伤区影响

(a) 损伤区范围;(b) 损伤区位移

对数据拟合可得"弱承载区"边界 R_{weak}、损伤半径 R_D 和损伤位移 u_D 之间关系式:

$$\begin{cases} R_D=-0.795(R_{\text{weak}})^5+0.603(R_{\text{weak}})^4-2.074(R_{\text{weak}})^3+3.048(R_{\text{weak}})^2-0.051 \\ u_D=1.128(R_{\text{weak}})^3+4.266(R_{\text{weak}})^2-27.348R_{\text{weak}}+28 \end{cases}$$

$$(3-81)$$

(2) "强承载区"外边界对围岩破坏特征影响

由 $1.3p_0\leqslant\sigma_\theta^e\leqslant2p_0$,当等式成立时,结合式(3-67)和式(3-77)可得:

$$\begin{cases} 1.3p_0\leqslant\sigma_\theta^e=p_0+\frac{R_D^2}{r^2}\left\{\begin{array}{l}p_0-\frac{k\lambda}{Er}+\frac{k(\lambda+E)}{3\alpha E}- \\ \left(\frac{R_D}{r_0}\right)^{\frac{6\alpha}{1-3\alpha}}\left[\frac{k(\lambda+E)}{3\alpha E}-\frac{k\lambda R_D^2}{Er_0^3}\right]\end{array}\right\}\leqslant2p_0 \\ u_D=\frac{r}{E}\left[p_0(1-2\nu)-(1+\nu)\frac{B}{r^2}\right] \end{cases} \quad (3-82)$$

由式(3-82)迭代计算,获得数据,经拟合结果如图3-11所示。

对数据拟合可得"强承载区"外边界与损伤区范围、巷道损伤位移关系式:

$$\begin{cases} R_D=0.001(R_{\text{main}})^4+0.025(R_{\text{waek}})^3-0.393(R_{\text{waek}})^2+2.018R_{\text{main}}-0.747 \\ u_D=0.170(R_{\text{main}})^4-1.843(R_{\text{waek}})^3+7.124(R_{\text{waek}})^2-8.623R_{\text{main}}+4.286 \end{cases} \quad (3-83)$$

(3) "关键承载区"外边界对围岩破坏特征影响

由 $\tau_s\leqslant\dfrac{\sigma_\theta^e-\sigma_r^e}{2}\leqslant\dfrac{\sigma_\theta^{\max}-\sigma_r^{\max}}{2}$,结合式(3-67)式(3-77)可得:

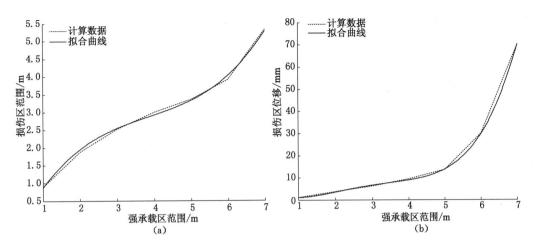

图 3-11　强承载区对损伤区影响

(a) 损伤区范围；(b) 损伤区位移

$$\begin{cases} \tau_s \leqslant \dfrac{B}{r^2} \\ u_D = \dfrac{r}{E}\left[p_0(1-2\nu)-(1+\nu)\dfrac{B}{r^2} \right] \end{cases} \tag{3-84}$$

由式(3-84)迭代计算，获得数据，经拟合结果如图 3-12 所示。

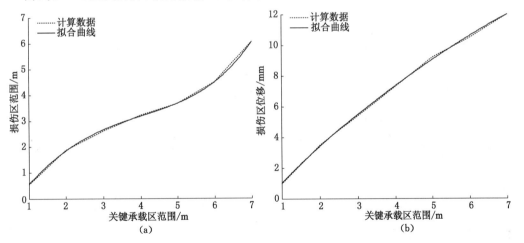

图 3-12　关键承载区对损伤区影响

(a) 损伤区范围；(b) 损伤区位移

对数据拟合可得"关键承载区"外边界与巷道损伤范围、损伤位移之间关系式：

$$\begin{cases} R_D = 0.003(R_{\mathrm{main}})^4 - 0.002(R_{\mathrm{waek}})^3 + 0.305(R_{\mathrm{waek}})^2 + 2.167R_{\mathrm{main}} - 1.295 \\ u_D = -0.002(R_{\mathrm{main}})^4 + 0.042(R_{\mathrm{waek}})^3 - 0.358(R_{\mathrm{waek}})^2 + 3.212R_{\mathrm{main}} - 1.871 \end{cases}$$

$$\tag{3-85}$$

3.4.3　深部软岩巷道耦合承载区与围岩弹塑性破坏耦合作用分析

以下相关计算，参考上文算例中给出的硬岩数据，均采用单因素分析法，即仅考虑承载

区半径 R_{weak}、软化区半径 R_p 和塑性位移 u_p 之间关系。

（1）"弱承载区"对围岩稳定性影响

由 $\sigma_\theta^p = 1.1 p_0$，结合式（3-47）和式（3-51）可得：

$$\begin{cases} \sigma_\theta^p = k^p \left\{ \left(\dfrac{r}{R_p}\right)^{k^p-1} \left[p_0 + (p_i^* - p_0)\left(\dfrac{r_0}{R_p}\right)^2 + \dfrac{\alpha^p}{k^p-1} \right] - \dfrac{\alpha^p}{k^p-1} \right\} + \alpha^p = 1.1 p_0 \\ u_p = \dfrac{r}{1+\xi_1} \left[T + \dfrac{2(1+\nu)(p_0 - p_i^*)}{E}\left(\dfrac{r_0}{R_p}\right)^2 \left(\dfrac{R_p}{r}\right)^{1+\xi_1} \right] \end{cases}$$

$$(3-86)$$

由式（3-86）进行迭代计算，并结合式（3-53）和式（3-59）获得软化区、破裂区边界线和软化区、破裂区位移表达式，经拟合结果如图 3-13 和图 3-14 所示。

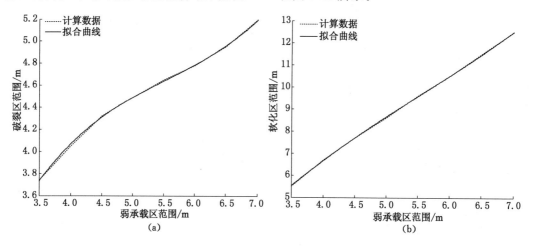

图 3-13 弱承载区对塑性范围影响

（a）破裂区范围；（b）软化区范围

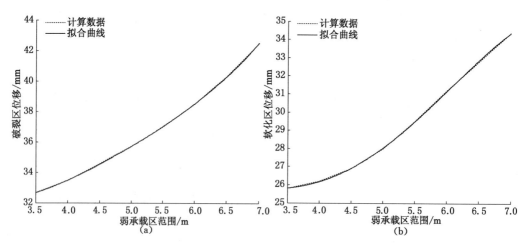

图 3-14 弱承载区对塑性位移影响

（a）破裂区位移；（b）软化区位移

由上述研究结果发现，"弱承载区"外边界对围岩破坏特征参数影响较大，特别是破裂区范围及其位移,"弱承载区"包含破裂区,破裂区位移大于软化区位移。通过数据拟合可知,"弱承载区"外边界 R_{weak} 和围岩破坏特征参数之间的关系式:

$$\begin{cases} R_p = 0.048(R_{weak})^3 - 0.797(R_{weak})^2 + 6.21R_{weak} - 8.53 \\ R_b = 0.008(R_{weak})^4 - 0.131(R_{weak})^3 + 0.65(R_{weak})^2 - 0.439R_{weak} + 1.697 \\ u_p = -0.044(R_{weak})^3 + 0.829(R_{weak})^2 - 2.718R_{weak} + 26.467 \\ u_b = 0.063(R_{weak})^3 - 0.59(R_{weak})^2 + 3.574R_{weak} + 24.633 \end{cases} \quad (3\text{-}87)$$

(2)"强承载区"对围岩稳定性影响

由 $1.2p_0 \leqslant \sigma_\theta^p \leqslant \sigma_\theta^{max}$,其中 $\sigma_\theta^{max} = 2p_0 - p_i^*$,结合式(3-47)和式(3-51)可得:

$$\begin{cases} \sigma_\theta^p = k^p \left\{ \left(\dfrac{r}{R_p}\right)^{k^p-1} \left[p_0 + (p_i^* - p_0)\left(\dfrac{r_0}{R_p}\right)^2 + \dfrac{\alpha^p}{k^p-1} \right] - \dfrac{\alpha^p}{k^p-1} \right\} + \alpha^p = 1.2p_0 \\ u_p = \dfrac{r}{1+\xi_1} \left[T + \dfrac{2(1+\nu)(p_0 - p_i^*)}{E}\left(\dfrac{r_0}{R_p}\right)^2 \left(\dfrac{R_p}{r}\right)^{1+\xi_1} \right] \end{cases}$$

$$(3\text{-}88)$$

由式(3-88)进行迭代计算,并结合式(3-53)和式(3-59),获得软化区、破裂区边界线和软化区、破裂区位移表达式,经拟合结果如图 3-15 和图 3-16 所示。

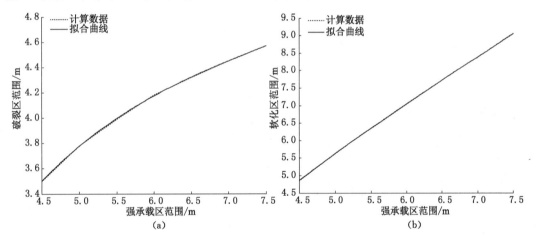

图 3-15 强承载区对塑性范围影响

(a) 破裂区范围;(b) 软化区范围

由上述研究结果发现,"强承载区"内边界对围岩破坏特征参数有一定影响,"强承载区"内边界处于软化区中,其范围比破裂区范围大。通过数据拟合可知"强承载区"内边界与围岩破坏特征参数之间的关系式:

$$\begin{cases} R_p = 0.013(R_{main})^3 - 0.279(R_{main})^2 + 3.278R_{main} - 5.441 \\ R_b = 0.03(R_{main})^3 - 0.47(R_{main})^2 + 3.25R_{main} - 4.07 \\ u_p = 0.04(R_{main})^4 - 1.04(R_{main})^3 + 10.1(R_{main})^2 - 40.43R_{main} + 81.46 \\ u_b = 0.003(R_{main})^4 - 0.118(R_{main})^3 + 1.612(R_{main})^2 - 6.354R_{main} + 33.416 \end{cases} \quad (3\text{-}89)$$

(3)"关键承载区"围岩稳定性影响

由 $\tau_i = \dfrac{(\sigma_\theta^p - \sigma_r^p)}{2} = \tau_s = 10.5\ MPa$,结合式(3-47)和式(3-51)可得:

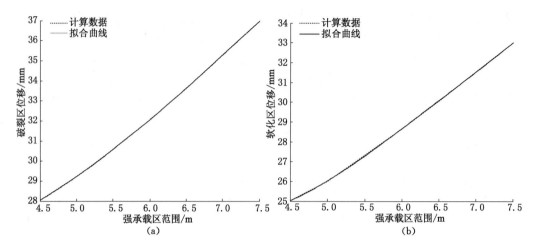

图 3-16 强承载区对塑性位移影响

(a) 破裂区位移；(b) 软化区位移

$$\begin{cases} \sigma_{\theta}^{\mathrm{p}} = (k^{\mathrm{p}} - 1)\left\{\left(\dfrac{r}{R_{\mathrm{p}}}\right)^{k^{\mathrm{p}}-1}\left[p_0 + (p_{\mathrm{i}}^* - p_0)\left(\dfrac{r_0}{R_{\mathrm{p}}}\right)^2 + \dfrac{\alpha^{\mathrm{p}}}{k^{\mathrm{p}}-1}\right] - \dfrac{\alpha^{\mathrm{p}}}{k^{\mathrm{p}}-1}\right\} + \alpha^{\mathrm{p}} = 21 \\[3mm] u_{\mathrm{p}} = \dfrac{r}{1+\xi_1}\left[T + \dfrac{2(1+\nu)(p_0 - p_{\mathrm{i}}^*)}{E}\left(\dfrac{r_0}{R_{\mathrm{p}}}\right)^2\left(\dfrac{R_{\mathrm{p}}}{r}\right)^{1+\xi_1}\right] \end{cases}$$

$$(3\text{-}90)$$

由式(3-90)进行迭代计算，并结合式(3-53)和式(3-59)获得软化区、破裂区边界线和软化区、破裂区位移，经拟合结果如图 3-17 和图 3-18 所示。

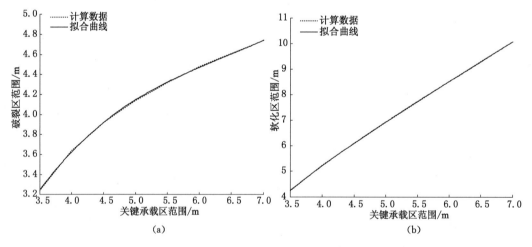

图 3-17 关键承载区对塑性范围影响

(a) 破裂区范围；(b) 软化区范围

由上述研究结果发现，"关键承载区"内边界对围岩破坏特征参数有一定影响，"关键承载区"内边界大于破裂区范围，处于软化区中。通过数据拟合可知"关键承载区"与围岩破坏特征参数之间关系式：

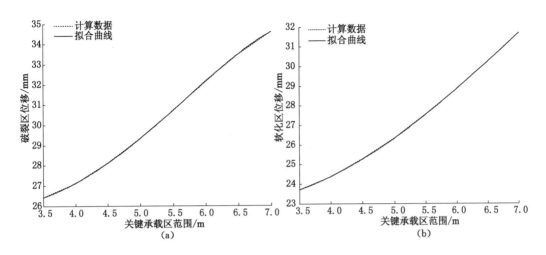

图 3-18 关键承载区对塑性范围影响

（a）破裂区位移；（b）软化区位移

$$\begin{cases} R_{\mathrm{p}} = 0.023(R_{\mathrm{key}})^3 - 0.415(R_{\mathrm{key}})^2 + 4.08R_{\mathrm{key}} - 5.92 \\ R_{\mathrm{b}} = 0.024(R_{\mathrm{key}})^3 - 0.459(R_{\mathrm{key}})^2 + 3.189R_{\mathrm{key}} - 3.32 \\ u_{\mathrm{p}} = -0.043(R_{\mathrm{key}})^3 + 0.94(R_{\mathrm{key}})^2 - 3.88R_{\mathrm{key}} + 27.627 \\ u_{\mathrm{b}} = -0.144(R_{\mathrm{key}})^3 + 2.43(R_{\mathrm{key}})^2 - 10.79R_{\mathrm{key}} + 40.644 \end{cases} \tag{3-91}$$

3.5 深部巷道"强-弱-关键"耦合承载区稳定性影响因素分析

3.5.1 深部硬岩巷道耦合承载区稳定性影响因素分析

根据巷道开挖-支护时次生应力分布特征，划分围岩力学承载区。通过控制单因素变量，即分析地压、损伤量和掘巷速度，以及支护力等参数对耦合承载区的影响。

巷道开挖-支护过程中围岩形成的耦合承载区，如何受巷道实际工况的影响，由图 3-19 可知，开挖时，"弱承载区"范围：$r_0 \leqslant T_{\mathrm{weak}}^{\mathrm{carrier}} \leqslant 1.5r_0$；"强承载区"范围：$1.55r_0 \leqslant T_{\mathrm{main}}^{\mathrm{carrier}} \leqslant 1.85r_0$；"关键承载区"范围：$1.58r_0 \leqslant T_{\mathrm{key}}^{\mathrm{carrier}} \leqslant 1.73r_0$。支护后，"弱承载区"范围：$r_0 \leqslant T_{\mathrm{weak}}^{\mathrm{carrier}} \leqslant 1.26r_0$；"强承载区"范围：$1.3r_0 \leqslant T_{\mathrm{main}}^{\mathrm{carrier}} \leqslant 1.75r_0$；"关键承载区"范围：$1.3r_0 \leqslant T_{\mathrm{key}}^{\mathrm{carrier}} \leqslant 1.45r_0$。

由图 3-20 可知，开挖时，$p_0 = 10$ MPa、20 MPa、30 MPa 对应的"弱承载区"范围：$r_0 \sim 1.11r_0$、$r_0 \sim 1.32r_0$、$r_0 \sim 1.62r_0$；"强承载区"范围：$1.125r_0 \sim 1.3r_0$、$1.42r_0 \sim 1.65r_0$、$1.7r_0 \sim 2.1r_0$，应力集中系数 k：1.72、1.80、1.90；"关键承载区"范围：r_0、$1.4r_0 \sim 1.55r_0$、$1.62r_0 \sim 2.0r_0$。支护后，"弱承载区"范围：$r_0 \sim 1.05r_0$、$r_0 \sim 1.25r_0$、$r_0 \sim 1.4r_0$；"强承载区"范围：$1.11r_0 \sim 1.26r_0$、$1.26r_0 \sim 1.52r_0$、$1.45r_0 \sim 1.62r_0$，应力集中系数 k：1.85、1.90、1.93；"关键承载区"范围：$1.28r_0 \sim 1.45r_0$、$1.45r_0 \sim 1.6r_0$、$1.6r_0 \sim 1.72r_0$。

由图 3-21 可知，开挖后，$D_0 = 0.3$、0.6、0.9 时，"弱承载区"范围：$r_0 \sim 1.48r_0$、$r_0 \sim 1.50r_0$、$r_0 \sim 1.52r_0$；"强承载区"范围：$1.53r_0 \sim 1.82r_0$、$1.55r_0 \sim 1.93r_0$、$1.61r_0 \sim 2.0r_0$、

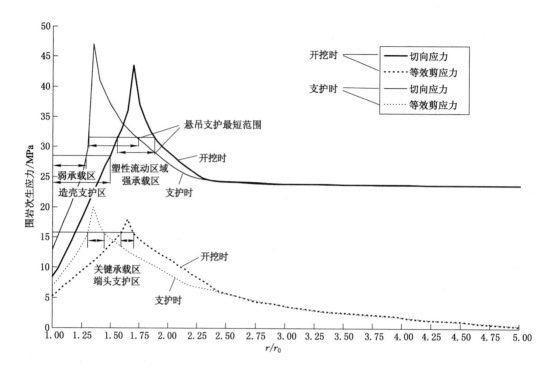

图 3-19　开挖-支护对围岩耦合承载区影响

应力集中系数 k：1.80、1.75、1.68；"关键承载区"范围：$1.625r_0 \sim 1.76r_0$、$1.65r_0 \sim 1.78r_0$、$1.69r_0 \sim 1.8r_0$。支护后，"弱承载区"范围：$r_0 \sim 1.25r_0$、$r_0 \sim 1.35r_0$、$r_0 \sim 1.4r_0$；"强承载区"范围：$1.25r_0 \sim 2.45r_0$、$1.35r_0 \sim 2.5r_0$、$1.4r_0 \sim 2.56r_0$，应力集中系数 k：1.87、1.8、1.7；"关键承载区"范围：$1.3r_0 \sim 2r_0$、$1.35r_0 \sim 1.95r_0$、$1.4r_0 \sim 1.9r_0$。

由图 3-22 可知，当锚杆间排距为 600 mm×600 mm、800 mm×800 mm、1 000 mm×1 000 mm 时，对应"弱承载区"范围：$r_0 \sim 1.25r_0$、$r_0 \sim 1.26r_0$、$r_0 \sim 1.265r_0$；"强承载区"范围：$1.26r_0 \sim 1.61r_0$、$1.362r_0 \sim 1.725r_0$、$1.4r_0 \sim 1.85r_0$，应力集中系数 k：1.88、1.85、1.81；"关键承载区"范围：$1.27r_0 \sim 1.35r_0$、$1.375r_0 \sim 1.42r_0$、$1.45r_0 \sim 1.52r_0$。

3.5.2　深部软岩巷道耦合承载区稳定性影响因素分析

图 3-23 至图 3-25 为掘巷速度、软化模量和支护参数等对围岩耦合承载区划分和稳定性影响状况。

（1）由图 3-23 可知，当开挖持续时间一定时，掘巷速度 $v=2$ m/d、3 m/d、4 m/d，对应的耦合承载区如下："弱承载区"外边界线位置为 $1.53r_0$、$1.62r_0$、$1.73r_0$。"关键承载区"内外边界范围：$1.56r_0 \sim 1.87r_0$、$1.66r_0 \sim 1.92r_0$、$1.78r_0 \sim 2.01r_0$，其峰值点位置及对应的剪应力大小为：$1.70r_0$、$1.80r_0$、$1.90r_0$，$\tau_i^{max} = 14.5$ MPa、13.8 MPa、12.6 MPa。"强承载区"分布范围：$1.59r_0 \sim 1.95r_0$、$1.70r_0 \sim 2.00r_0$、$1.81r_0 \sim 2.03r_0$，对应的应力集中系数为：1.54、1.45、1.4。

（2）由图 3-24 可知，考虑软化模量 $M_c = 200$ MPa、400 MPa、600 MPa 对应的承载区："弱承载区"外边界线位置分别在 $1.52r_0$、$1.70r_0$、$1.84r_0$ 处，即在掘巷后，巷道断面需防止冒

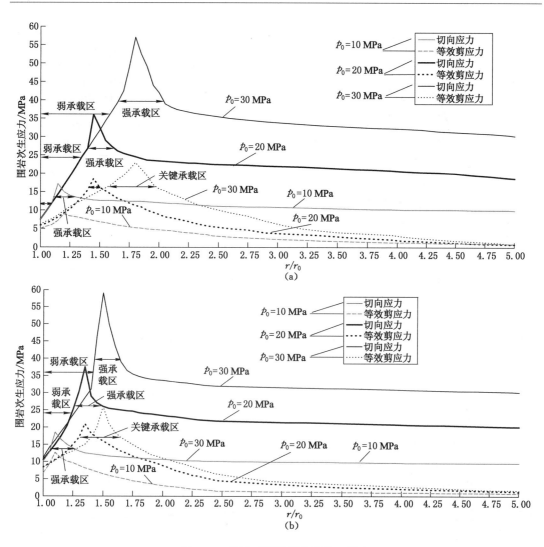

图 3-20　地压对围岩耦合承载区影响

(a) 开挖时地压对围岩耦合承载区影响；(b) 支护后地压对围岩耦合承载区影响

顶、掉矸的范围。"关键承载区"内外边界范围：$1.54r_0 \sim 1.88r_0$、$1.54r_0 \sim 1.88r_0$、$1.95r_0 \sim 2.15r_0$，其外边界为"锚杆-喷浆"有效支护范围，同时该承载区范围为锚杆端部加强筋部分；最易失稳处及其对应的等效剪应力峰值分别为：$1.70r_0$、$1.91r_0$、$2.10r_0$，$\tau_i^{max} = 14.8$ MPa、14.0 MPa、12.4 MPa。"强承载区"范围：$1.58r_0 \sim 1.95r_0$、$1.78r_0 \sim 2.03r_0$、$1.95r_0 \sim 2.17r_0$，应力集中系数为：1.51、1.45、1.34。

（3）由图 3-25 可知，当支护力 $p_i = 0.6$ MPa、0.4 MPa、0.2 MPa 时，对应的承载区："弱承载区"外边界线位置为 $1.50r_0$、$1.58r_0$、$1.68r_0$。"关键承载区"范围：$1.53r_0 \sim 1.78r_0$、$1.60r_0 \sim 1.82r_0$、$1.72r_0 \sim 1.92r_0$；最易失稳处及其对应的剪应力峰值为：$1.60r_0$、$1.58r_0$、$1.7r_0$，$\tau_i^{max} = 14.1$ MPa、13.9 MPa、13.6 MPa。"强承载区"范围：$1.52r_0 \sim 1.82r_0$、$1.62r_0 \sim 1.88r_0$、$1.74r_0 \sim 1.92r_0$，即塑性流动范围；对应的应力集中系数为：1.59、1.53、1.49。

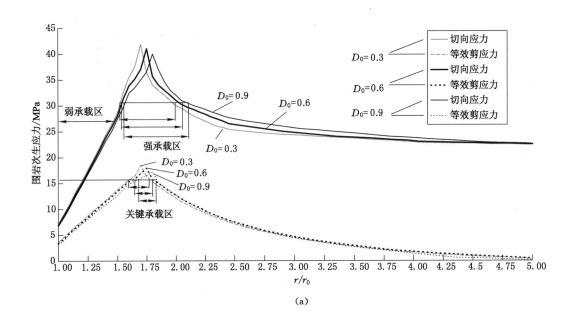

(a)

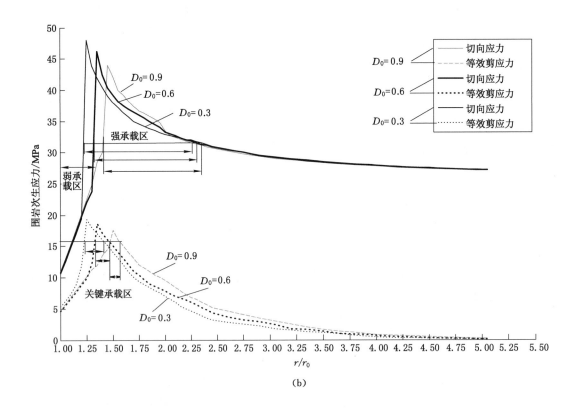

(b)

图 3-21　损伤对围岩耦合承载区影响

（a）开挖时损伤对围岩耦合承载区影响；（b）支护时损伤对围岩耦合承载区影响

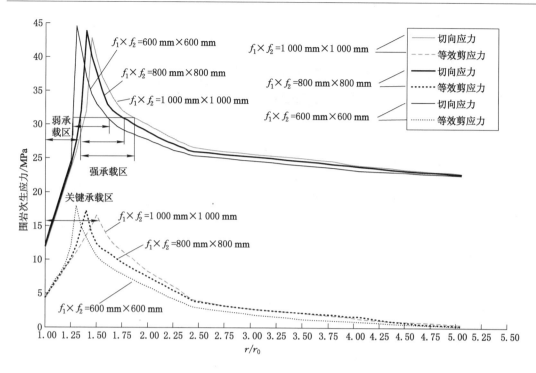

图 3-22　锚杆间排距对围岩耦合承载区影响

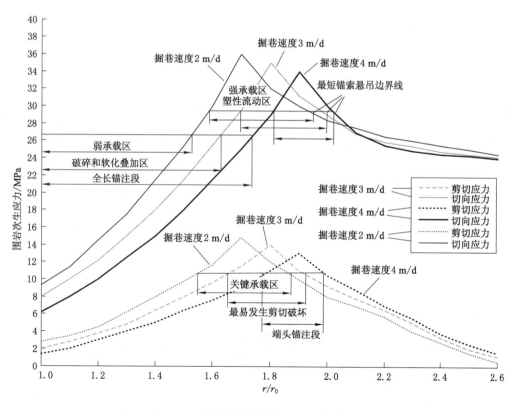

图 3-23　掘巷速度对围岩耦合承载区影响

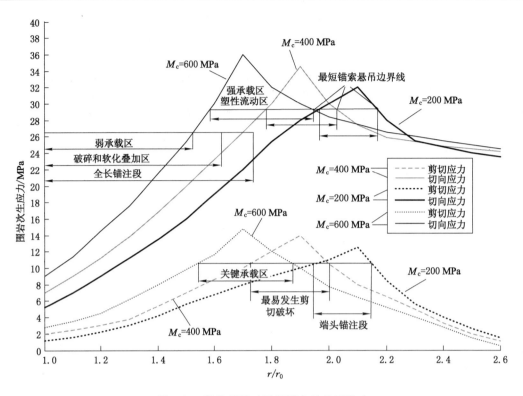

图 3-24　软化模量对围岩耦合承载区影响

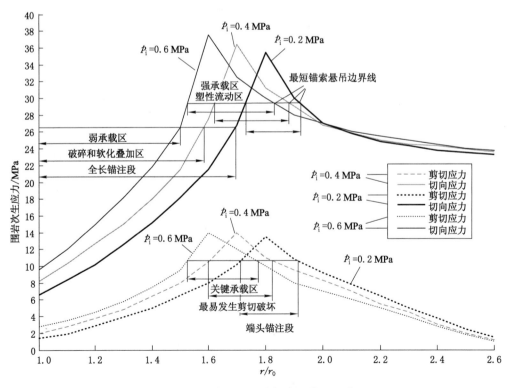

图 3-25　预紧力对围岩耦合承载区影响

4 深部巷道"强-弱-关键"耦合承载区 稳定性分层支护效果

由深部巷道耦合承载区结构特征和巷道结构性失稳特性,提出"弱承载区造壳支护-关键承载区端头锚注-强承载区锚索悬吊"的分层支护控制方法。根据理论研究中裸巷"强-弱-关键"耦合承载区的承载特性,设计深部当量圆巷道分层支护方法。由数值研究中裸巷围岩承载区结构特征,设计直墙半圆拱巷道分层支护方法。通过 FLAC3D 模拟"裸巷-原支护-分层支护"方案下,巷道耦合承载区稳定性及其围岩力学-变形特性,分析巷道耦合承载区稳定性分层支护控制效果。

4.1 深部巷道"强-弱-关键"耦合承载区稳定性分层支护原理

针对深部岩巷支护设计,传统方法是采用"锚-网-喷-索-注"联合支护,通过减小锚杆、锚索的支护间排距,即密集支护方法来实现,但很难解决深部巷道结构性失稳问题。同时,依据经验法设计的巷道支护,缺乏理论依据。目前,针对煤巷支护设计的研究成果较多,特别是复合顶板煤巷的支护设计,通常采用的方法是梯级支护,其原理如图 4-1 所示。

若将深部巷道"强-弱-关键"承载区看作围岩复合结构,根据煤巷复合顶板的梯级支护原理,设计深部巷道耦合承载区支护为分层支护。依据深部巷道耦合承载区结构特征,通过改进以往常用的"锚-网-喷-索"联合支护工艺,改变支护参数和支护顺序,设计分层支护方案如下:

其中,第一层"全长锚注"造壳支护"弱承载区",目的是防止围岩破碎造成的顶板冒落,根据"弱承载区"的外边界,设计锚注支护的有效范围,此处的锚注支护所采用的是全长锚注技术,接着进行喷浆,喷浆厚度根据"弱承载区"范围及其围岩破碎程度而定。

第二层"端头锚注"加固"关键承载区",此处采用"端头锚注",即根据"关键承载区"设计锚杆的端部注浆孔范围,从而提高该区域围岩的抗剪强度。

第三层"锚索悬吊"支护"强承载区"所在的弹性区围岩,利用该区域围岩稳定性,将其作为整个承载区承载基础,设计相应的锚索长度。该层支护往往适用于深部巷道,对于浅部巷道尽量避免扰动非破坏区围岩,若浅部巷道是极为破碎的软岩巷道,就需要提前加固提升整个围岩承载强度。

总结上述深部巷道分层支护工艺,即"短锚杆全长锚注-长锚杆端头锚注-短锚索"联合支护技术,如图 4-2 所示。

由此可知,深部巷道"强-弱-关键"耦合承载区研究,不仅有利于掌握深部巷道耦合承载区失稳机理,而且可以指导巷道结构性失稳分层支护控制方法,使得耦合承载区理论研究更具有工程应用价值。

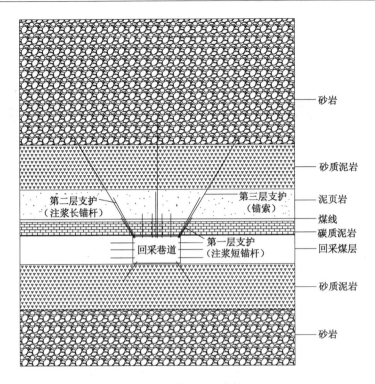

图 4-1 煤巷梯级支护

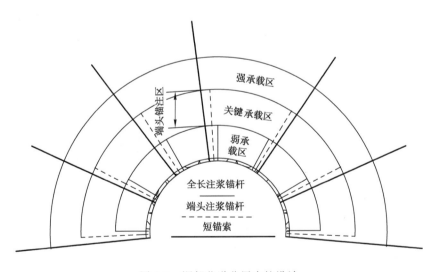

图 4-2 深部巷道分层支护设计

4.2 深部当量圆巷道结构性失稳分层支护方法

原先设计的 1-2 号交岔点巷道支护方案为"锚-网-索-喷"支护,如图 4-3 所示,该支护方案的具体参数为:$\phi 22$ mm×2 400 mm 锚杆、破断荷载为 179 kN,间排距为 800 mm×800 mm,经计算得预紧力为 0.28 MPa;$\phi 17.8$ mm×6 300 mm 锚索,间排距为 1 600 mm×1 600 mm。

其中,锚杆、锚索的预紧力计算原理如图 4-4 所示,图中,预紧力＝破断力(N)÷控制范围面积(m²)。

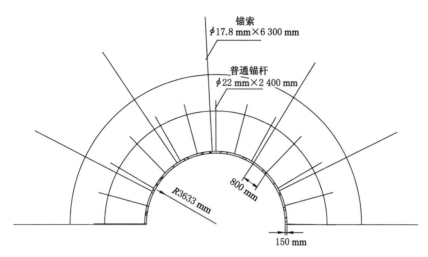

图 4-3 原支护方案

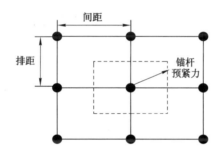

图 4-4 锚杆预紧力计算原理

4.2.1 深部硬岩当量圆巷道耦合承载区稳定性分层支护方法

根据理论研究结果可知,开挖后 1 号交岔点巷道的开挖面,其巷道周边"弱承载区"外边界为 1.82 m,"关键承载区"范围为 2.11～2.65 m,"强承载区"范围为 2.00～3.02 m。设计巷道支护方法如下:

(1) 第一层造壳支护"弱承载区":采用"锚网喷注"支护,喷浆厚度为 150 mm,"短锚杆全长锚注"有效范围为 1.9 m。

(2) 第二层"锚注"加固支护"关键承载区":采用"锚杆端头锚注",有效支护范围为 2.7 m;锚杆端头注浆范围为 2～2.7 m,且加粗该区域锚杆以防发生剪切破坏。

(3) 第三层"锚索悬吊"支护"强承载区"外边界:根据"强承载区"边界线 3.02 m,建议锚索支护范围为 3.5 m。

具体支护参数:φ20 mm×1 900 mm 全长注浆短锚杆,间排距 800 mm×800 mm,破断力 258 kN、预紧力 0.4 MPa。φ25 mm×2 700 mm 端头注浆锚杆,间排距 1 600 mm×1 600 mm,破断力 462 kN、预紧力 0.18 MPa。金属网采用 φ6.5 mm 圆钢制作,金属网规格 1 700 mm×1 000 mm,网格尺寸 100 mm×100 mm;喷浆 150 mm。φ17.8 mm×3 500 mm

锚索,间排距 1 600 mm×1 600 mm。改进后的 1 号交岔点分层支护方案,如图 4-5 所示。

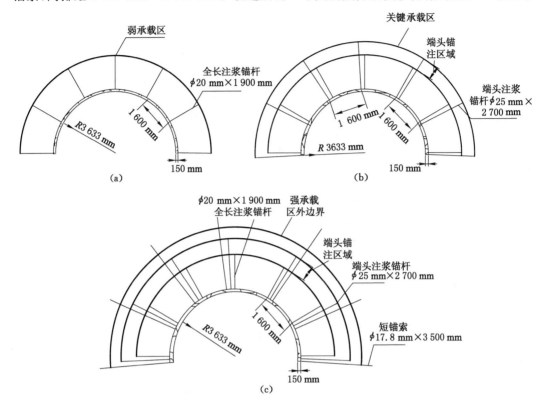

图 4-5　硬岩巷道分层支护方案

(a)第一层造壳支护;(b)第二层端头锚注支护;(c)第三层短锚索悬吊加固

4.2.2　深部软岩当量圆巷道耦合承载区稳定性分层支护方法

根据理论研究中算例分析可知,开挖后 2 号交岔点开挖面处“弱承载区”外边界为 2.54 m,“关键承载区”范围为 2.62~3.633 m,“强承载区”范围为 2.83~3.78 m。设计巷道分层支护方法如下:

(1)第一层造壳支护:支护“弱承载区”,采用“锚网喷注”支护,喷浆厚度为 300 mm,“短锚杆全长锚注”有效范围为 2.6 m。

(2)第二层锚注支护:支护“关键承载区”,采用“锚杆端头锚注”,有效支护范围为 2.7~3.7 m,需增加锚杆注浆孔,增大注浆率,加粗该部分的锚杆端部。

(3)第三层“短锚索”支护:支护“强承载区”外边界,建议锚索支护范围为 4.0 m 以上,起到悬吊加固作用。

具体支护参数:ϕ22 mm×2 600 mm 全长注浆锚杆,间排距 800 mm×800 mm,破断力 258 kN、预紧力 0.4 MPa;ϕ25 mm×3 700 mm 端头注浆锚杆,间排距 1 600 mm×1 600 mm,破断力 462 kN、预紧力 0.18 MPa;ϕ17.8 mm×4 500 mm 锚索,间排距 1 600 mm×1 600 mm。改进后的 2 号交岔点巷道分层支护方案,如图 4-6 所示。

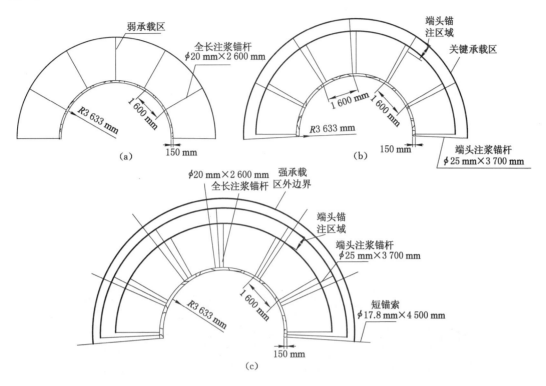

图 4-6 软岩巷道分层支护方案

(a) 第一层造壳支护；(b) 第二层端头锚注支护；(c) 第三层短锚索悬吊加固

4.3 深部当量圆巷道"强-弱-关键"耦合承载区稳定性分层支护效果分析

4.3.1 深部硬岩巷道耦合承载区稳定性分层支护效果分析

（1）巷道模型建立

深入研究硬岩巷道耦合承载区稳定性以及分层支护效果。依据算例中直墙半圆拱巷道断面修正方法，修正后当量圆半径为 3.633 m。为消除计算中边界效应影响，对应理论研究模型，建立平面巷道模型，尺寸（$X \times Y \times Z$）为：42 m×5 m×42 m，其中 X 向为巷道水平方向，Y 向为巷道轴向，Z 向为埋深方向，采用应力边界约束。如图 4-7 所示。

在平面巷道模型基础上，根据理论研究方法设计当量圆巷道数值研究方案，分别建立裸巷、原支护和分层支护方案下巷道模型，如图 4-8 所示。

在不同支护方案下，所提供的环向注浆压力不同。如图 4-9(a)所示的原支护方案下，巷道周边无注浆压力。在分层支护方案下，形成了第一、第二、第三层注浆压力，如图 4-9(b)所示。

（2）模拟结果分析

对比研究裸巷和不同支护条件下巷道承载区稳定性和分层支护效果，不同支护方案下巷道耦合承载区分布如图 4-10 所示，巷道围岩塑性区分布如图 4-11 所示，巷道围岩弹塑性位移如图 4-12 所示。

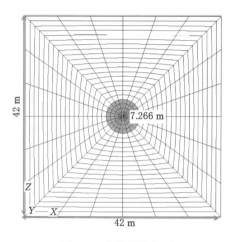

图 4-7　数值计算模型

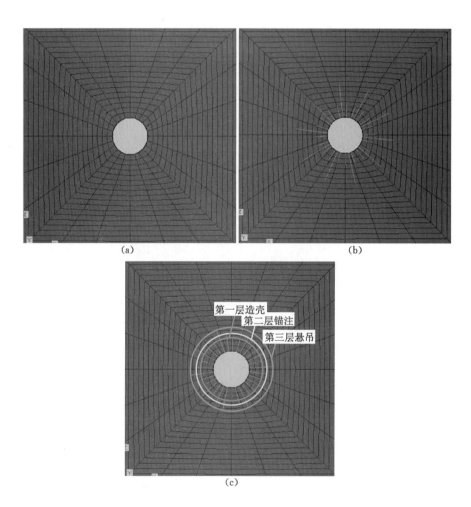

图 4-8　硬岩巷道不同支护方案

（a）裸巷；（b）原支护方案；（c）分层支护方案

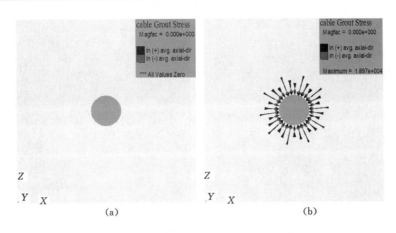

图 4-9　硬岩巷道不同支护方案下锚杆注浆压力

（a）原支护方案；（b）分层支护方案

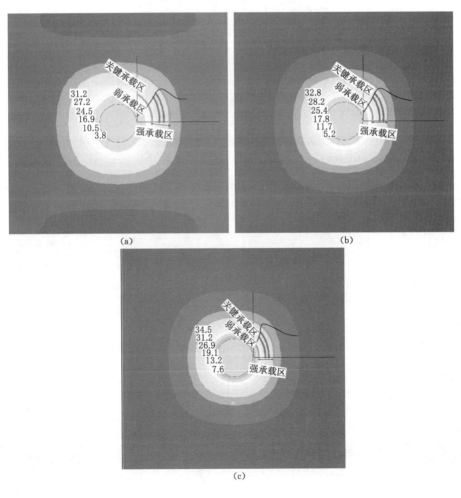

图 4-10　硬岩巷道耦合承载区特性

（a）裸巷；（b）原支护方案；（c）分层支护方案

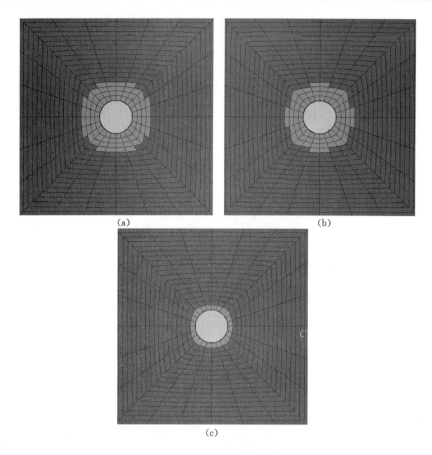

图 4-11　硬岩巷道围岩塑性区分布

（a）裸巷；（b）原支护方案；（c）分层支护方案

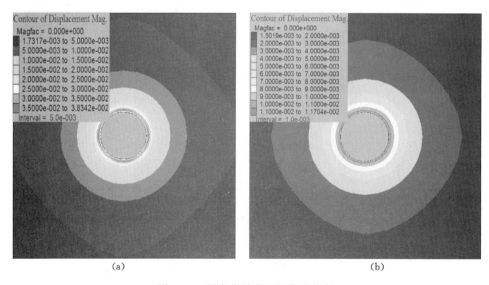

图 4-12　硬岩巷道弹塑性位移分布

（a）裸巷；（b）原支护方案

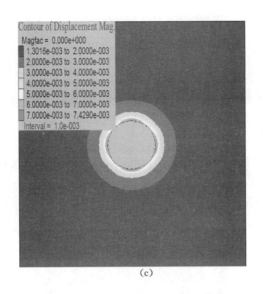

续图 4-12　硬岩巷道弹塑性位移分布

(c) 分层支护方案

　　对比分析硬岩巷道在裸巷和原支护以及分层支护条件下的数值计算结果。由图 4-10 可知,围岩耦合承载区更加靠近巷壁,弱承载区范围分别为 2.65 m、1.79 m、1.07 m,峰值应力分别为 31.2 MPa、32.8 MPa、34.5 MPa,承载能力得到提高。由图 4-11 可知,围岩塑性区范围分别为 2.8～3.6 m、1.6～2.4 m、0.8 m。由图 4-12 可知,围岩的最大弹塑性位移分别为 3.83 cm、1.17 cm、0.74 cm。

4.3.2　深部软岩巷道耦合承载区稳定性分层支护效果分析

　　(1) 巷道模型建立

　　此处,软岩巷道平面力学模型的尺寸和边界约束与硬岩巷道一致。在平面巷道模型基础上,根据研究方案分别建立裸巷、原支护和分层支护方案下巷道模型,如图 4-13 所示。不同支护方案下,所提供的环向注浆压力不同,如图 4-14(a)所示的原支护方案下,巷道周边无注浆压力。在分层支护方案下,形成的第一、第二、第三层注浆压力如图 4-14(b)所示。

　　(2) 结果分析

　　裸巷和不同支护方案下巷道耦合承载区分布如图 4-15 所示,巷道围岩塑性区分布如图 4-16 所示,巷道围岩弹塑性位移分布如图 4-17 所示。

　　对比分析软岩巷道在裸巷和原支护以及分层支护条件下的数值计算结果。由图 4-15 可知,围岩耦合承载区更加靠近巷壁,弱承载区范围分别为 3.08 m、2.84 m、2.07 m,峰值应力分别为 30.2 MPa、31.8 MPa、32.5 MPa,承载能力得到提高。由图 4-16 可知,围岩塑性区范围分别为3.63～4.54 m、3.63 m、0.91～1.82 m。由图 4-17 可知,围岩的最大弹塑性位移分别为3.605 cm、3.38 cm、1.26 cm。

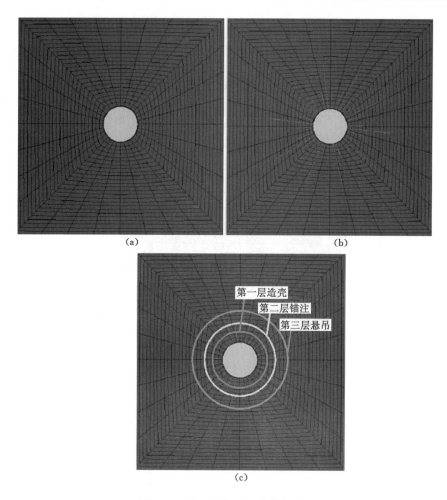

图 4-13 软岩巷道不同支护方案

(a) 裸巷；(b) 原支护方案；(c) 分层支护方案

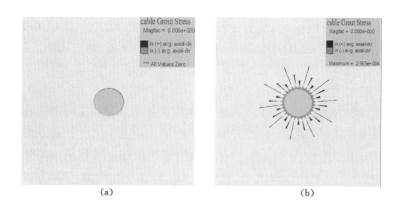

图 4-14 软岩巷道不同支护方案下锚杆注浆压力

(a) 原支护方案；(b) 分层支护方案

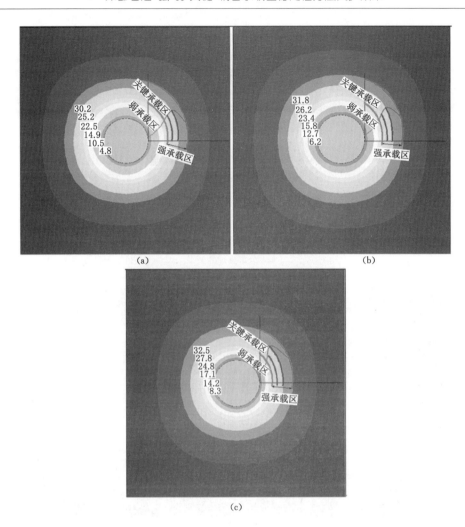

图 4-15 软岩巷道耦合承载区特性

(a) 裸巷;(b) 原支护方案;(c) 分层支护方案

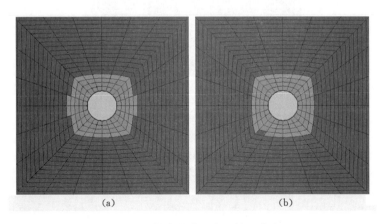

图 4-16 软岩巷道围岩塑性区分布

(a) 裸巷;(b) 原支护方案

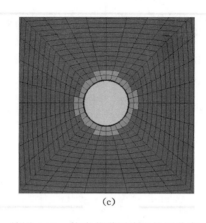

(c)

续图 4-16　软岩巷道围岩塑性区分布

（c）分层支护方案

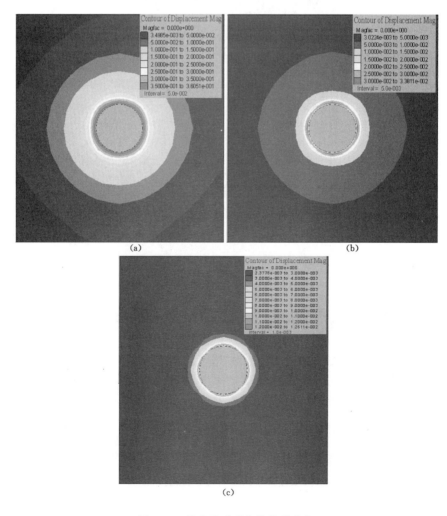

图 4-17　软岩巷道弹塑性位移分布

（a）裸巷；（b）原支护方案；（c）分层支护方案

4.4 深部直墙半圆拱巷道"强-弱-关键"耦合承载区稳定性分层支护效果分析

4.4.1 深部直墙半圆拱巷道分层支护方法

由第 2 章直墙半圆拱裸巷耦合承载区数值模拟结果,获得 1-2 号交岔点裸巷耦合承载区外边界范围,可设计分层支护方案如下:

(1) 第一层造壳支护"弱承载区":采用"锚网喷注"支护,喷浆厚度为 150 mm,"短锚杆全长锚注"有效范围分别为 1.2～2.3 m、1.5～2.7 m,其中顶板、拱肩和帮部支护范围依次减小。

(2) 第二层锚注加固支护"关键承载区":采用"端头锚注"支护,有效支护范围分别为 1.8～2.8 m、2.0～3.8 m,顶板、拱肩和帮部支护范围依次减小,且需要加粗端部锚杆,以防发生剪切破坏。

(3) 第三层锚索悬吊支护"强承载区"外边界:由于"强承载区"边界线分别为 3.0～5.0 m、4.0～5.7 m,可设计锚索支护范围分别为 3.5～5.0 m、4.5～6.0 m。

1 号交岔点巷道帮部、拱肩、顶板和底板的具体支护参数:$\phi 20$ mm×1 200 mm、$\phi 20$ mm×1 400 mm、$\phi 20$ mm×1 600 mm、$\phi 20$ mm×2 300 mm 的全长注浆短锚杆,间排距 1 600 mm×1 600 mm,破断力 258 kN、预紧力 0.1 MPa。$\phi 25$ mm×1 800 mm、$\phi 25$ mm×2 300 mm、$\phi 25$ mm×2 800 mm、$\phi 25$ mm×3 400 mm 的端头注浆锚杆,间排距 1 600 mm×1 600 mm,破断力 462 kN、预紧力 0.18 MPa。金属网采用 $\phi 6.5$ mm 圆钢制作,金属网规格 1 700 mm×1 000 mm,网格尺寸 100 mm×100 mm;喷浆 150 mm。$\phi 17.8$ mm×3 500 mm、$\phi 17.8$ mm×4 000 mm、$\phi 17.8$ mm×4 500 mm、$\phi 17.8$ mm×5 000 mm 的锚索,间排距 1 600 mm×1 600 mm。2 号交岔点巷道帮部、拱肩、顶底板的具体支护参数:$\phi 20$ mm×1 500 mm、$\phi 20$ mm×1 800 mm、$\phi 20$ mm×2 100 mm、$\phi 20$ mm×2 700 mm 的全长注浆短锚杆,间排距 1 600 mm×1 600 mm,破断力 258 kN、预紧力 0.1 MPa。$\phi 25$ mm×2 000 mm、$\phi 25$ mm×2 600 mm、$\phi 25$ mm×3 800 mm 的端头注浆锚杆,间排距 1 600 mm×1 600 mm,破断力 462 kN、预紧力 0.18 MPa。金属网采用 $\phi 6.5$ mm 圆钢制作,金属网规格 1 700 mm×1 000 mm,网格尺寸 100 mm×100 mm。$\phi 17.8$ mm×4 500 mm、$\phi 17.8$ mm×5 000 mm、$\phi 17.8$ mm×6 000 mm 的锚索,间排距 1 600 mm×1 600 mm,喷浆 150 mm。1-2 号交岔点巷道分层支护方案如图 4-18 所示。

4.4.2 深部直墙半圆拱巷道耦合承载区分层支护控制效果

根据上述直墙半圆拱巷道分层支护设计方案,利用软件建立分层支护模型,模拟在开挖-支护过程中 1-2 号交岔点巷道围岩耦合承载区和巷道破坏特性受分层支护的影响。

(1) 模型建立

建立 1-2 号交岔点巷道分层支护模型,如图 4-19 所示。

(2) 结果分析

通过模拟获得 1-2 号交岔点巷道在分层支护条件下围岩次生应力分布图,结合围岩塑性破坏状态,判断围岩变形失稳机理,如图 4-20 至图 4-22 所示,其中分层支护注浆效果如图 4-23 所示。

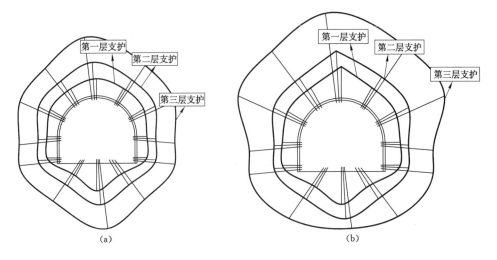

图 4-18　深部巷道分层支护方案

(a) 1 号交岔点巷道；(b) 2 号交岔点巷道

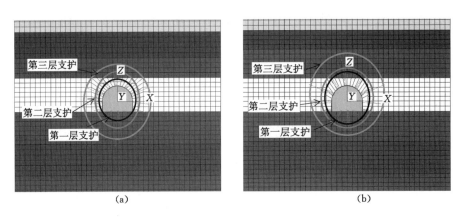

图 4-19　分层支护模型

(a) 1 号交岔点巷道；(b) 2 号交岔点巷道

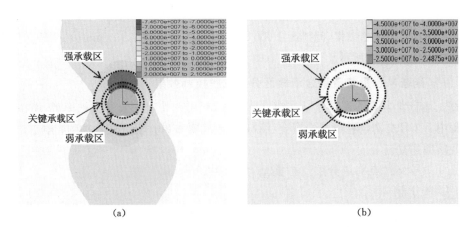

图 4-20　交岔点巷道主应力分布

(a) 1 号交岔点巷道；(b) 2 号交岔点巷道

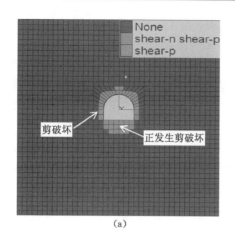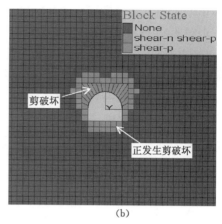

（a）　　　　　　　　　　　　（b）

图 4-21　交岔点巷道塑性破坏状态

（a）1 号交岔点巷道；（b）2 号交岔点巷道

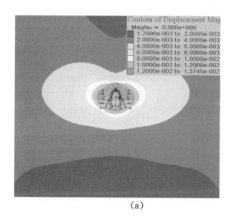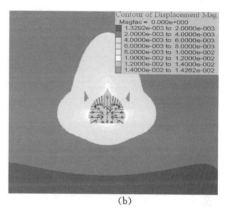

（a）　　　　　　　　　　　　（b）

图 4-22　不同交岔点巷道变形状况

（a）1 号交岔点巷道；（b）2 号交岔点巷道

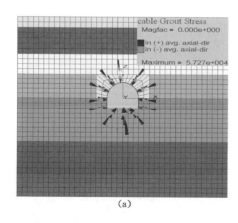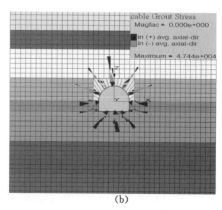

（a）　　　　　　　　　　　　（b）

图 4-23　分层支护注浆效果

（a）1 号交岔点巷道；（b）2 号交岔点巷道

由图 4-20 至图 4-22 可知,巷道开挖后,分层支护下 1-2 号交岔点巷道的承载能力、稳定性增强。由图 4-20 可以看出,分层支护限制了 1-2 号交岔点的"强承载区"(即切向应力集中区)远离巷道壁面的趋势,且承载范围减小、承载能力增大,其中硬岩、软岩对应的峰值应力分别是 74 MPa、45 MPa。由图 4-21 可以看出,相较裸巷和原支护方案下巷道的顶底板已破坏("shear-p")和正在破坏("shear-now")的范围呈减小趋势。由图 4-22 可以看出,分层支护后位移减小了 1.15 cm、1.18 cm。

5　高水平应力下分层支护巷道力学模型试验

根据深部巷道"强-弱-关键"耦合承载区分层支护设计的原理和支护效果,为研究深部高水平应力影响,自制平面应力巷道模型试验,模拟高水平应力加载条件下,裸巷耦合承载区稳定性和围岩结构性破裂发展规律;设计分层支护方案,研究分层支护对高水平应力巷道承载区稳定性维护和围岩结构性失稳限制的效果。设计试验方案:对照理论研究,分析高水平应力下当量圆巷道耦合承载区稳定性及分层支护效果。针对工程实践,研究高水平应力下分层支护直墙半圆拱巷道耦合承载区承载特征和围岩结构性破裂发展规律。

5.1　深部巷道平面应力相似模拟理论基础

（1）相似准则

几何相似比:原型尺寸为 45 m×30 m×7.5 m,模型尺寸为 1.8 m×1.2 m×0.3 m,几何相似比 $C_L = 1:25$。

重度相似比:对比原型与模型试件的物理力学参数,可知重度比 $C_\gamma = 1:1.5$。

应力相似比: $C_\sigma = C_L \times C_\gamma = 1:37.5$。

试验过程中各千斤顶荷载计算:模型侧挡板面积为 120 cm×30 cm＝3 600 cm²,每个侧面有 2 个活塞,每个活塞面积为 28 cm²,其总面积为 56 cm²,所以侧向油压与模型侧面边界荷载之比为 64.286:1。模型顶挡板面积为 180 cm×30 cm＝5 400 cm²,顶板有 2 个活塞,每个活塞面积为 28 cm²,其总面积为 56 cm²,所以顶板油压与模型顶板边界荷载之比为 96.43:1。

（2）试验结果处理方法

巷道开挖之前,围岩为弹性状态,能够自稳,开挖后应力重新分布,形成力学承载区。通过采集、分析开挖过程中相关数据,如围岩切向应力和径向应力(利用切向、径向应变片测量换算得到)、等效剪应力(其中剪应力由切向应力、径向应力计算得到)等,可划分围岩耦合承载区,并综合分析各因素对力学承载区稳定性影响。

围岩中最大、中间、最小主应力 σ_1、σ_2、σ_3,可按照极坐标中环向、轴向、径向应力 σ_θ、σ_z、σ_r 来表示。由于在三维应力条件下,求解围岩剪应力较为困难,通常采用的方式是:通过引入等效应力,计算在复杂应力条件下围岩等效剪切力。最后,综合考虑围岩次生应力分布以及围岩强度劣化,能够准确划分围岩耦合承载区。下面将根据相关文献,给出三维应力下环向、轴向和径向应力及其与等效应力、等效剪应力之间的关系。根据三维流变试验结果和一维蠕变的等时曲线相似的假设,引入有效应力 σ_i。

在广义平面应力问题中，有：

$$\sigma_i = \frac{1}{\sqrt{2}}\sqrt{(\sigma_\theta - \sigma_r)^2 + (\sigma_r - \sigma_z)^2 + (\sigma_z - \sigma_\theta)^2}$$

$$= \sqrt{\sigma_\theta^2 + \sigma_r^2 - \sigma_\theta \sigma_r} \qquad (5\text{-}1)$$

由等效应力与等效剪应力之间关系，结合式（5-1）可知在复杂应力下等效应力表达式为：

$$\tau_i = \frac{\sigma_i}{\sqrt{3}} = \frac{\sqrt{\sigma_\theta^2 + \sigma_r^2 - \sigma_\theta \sigma_r}}{\sqrt{3}} \qquad (5\text{-}2)$$

式中，τ_i 为等效剪应力，MPa。

接着，在三维应力场中，依据广义胡克定律：

$$\frac{(1+\nu)(\sigma_\theta - \sigma_r)}{E} = \varepsilon_\theta - \varepsilon_r \qquad (5\text{-}3)$$

并根据平衡微分方程：

$$\frac{\mathrm{d}\sigma_r}{\mathrm{d}r} - \frac{\sigma_\theta - \sigma_r}{r} = 0 \qquad (5\text{-}4)$$

获得相应的环向、径向应力：

$$\begin{cases} \sigma_\theta = \dfrac{E}{1+\nu}(\varepsilon_\theta - \varepsilon_r) + \sigma_r \\ \sigma_r = r^{\frac{E}{1+\nu}(\varepsilon_\theta - \varepsilon_r)} e^{-3.27} \end{cases} \qquad (5\text{-}5)$$

最后，综合巷道次生应力分布以及围岩强度劣化特征，准确地划分围岩"强-弱-关键"耦合承载区，并分析其稳定性。

（3）巷道模型试验理论依据

依据围岩耦合承载区力学承载机制、耦合承载区力学作用特征和耦合承载区稳定性分层支护原理，综合考虑围岩强度劣化和次生应力分布对承载区形成影响，分析围岩"强-弱-关键"耦合承载区结构特征、耦合作用机制及其稳定性影响因素，以及分层支护方案的合理性。

由室内相似模拟试验，通过采集不同岩性、不同高水平应力下围岩应变值，根据式（5-5）计算出相应的次生应力场，据此划分围岩耦合承载区，分析该耦合承载区的稳定性。通过观测不同岩性、不同高水平应力下围岩结构性破裂区的扩展，验证承载区失稳为深部巷道破坏的原因。围岩耦合承载区的划分，不仅有利于阐明巷道结构性失稳机理，而且可以指导巷道"喷浆-锚杆、锚索-注浆"等支护工艺的设计。

5.2 深部巷道平面应力模型试验基础工作

（1）矿井原位岩石力学性质

为了分析高地应力引起的巷道变形失稳机理，选取井底车场附近稳定性较差且正在掘进中的1-2号交岔点硐室作为科研实施段。现场取出岩芯制成的标准试样如图5-1所示，其中，1、2、3、4号标签分别表示岩性为粉砂岩和砂质泥岩、细砂岩、中粗砂岩的岩样。

经过MTS单轴压缩试验获得不同岩性岩石的力学参数，列在表5-1中。

图 5-1　标准试样

表 5-1　　　　　　　　　　　　　　不同交岔点岩样力学参数

岩性	弹性模量/GPa	变形模量/GPa	抗压强度/MPa	抗拉强度/MPa	泊松比
细砂岩	20.06	22.13	98.10	12.15	0.26
中粗砂岩	16.06	17.34	75.10	10.73	0.25
砂质泥岩	7.19	8.65	35.06	5.84	0.23
粉砂岩	5.56	6.42	25.02	4.17	0.21

（2）巷道模型相似材料力学试验

本次相似材料力学试验共进行了三组,每组试验保持的材料配比分别为骨料（砂子）:胶结物（石灰、水泥）:水（质量比）按 2:1:0.2、4:1:0.4、6:1:0.6、8:1:0.8、10:1:1,其中砂子:水始终保持10:1。将相似材料放置于圆柱体标准试件器皿内,分段压实直至标准试件具有足够完整性和高度（110 mm 以上）。将制作好的标准试件分类贴好标签,放置于实验室,如图 5-2 所示。

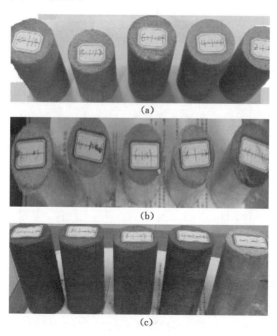

图 5-2　相似模拟材料试样

(a) 1 组岩样;(b) 2 组岩样;(c) 3 组岩样

待一定龄期后打磨加工,在 RMT 力学实验机上进行单轴抗压试验,并结合剪切模具测试其抗剪强度参数,进而计算出抗剪强度。最终选择适合于模拟不同岩性巷道的相似材料配比,以供后续模型试验材料的配比选择。经过测试获得相似材料的力学数据,如图 5-3 和表 5-2 所示。

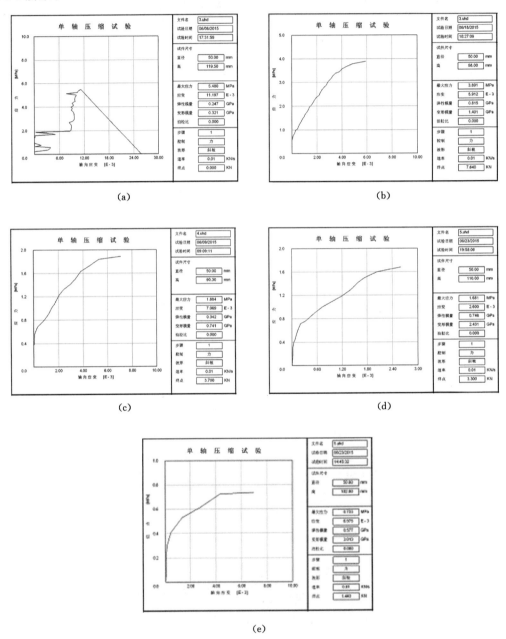

图 5-3 第 1 组模拟材料单轴压缩试验结果
(a) 2∶1∶0.2 配比岩样;(b) 4∶1∶0.4 配比岩样;
(c) 6∶1∶0.6 配比岩样;(d) 8∶1∶0.8 配比岩样;(e) 10∶1∶1 配比岩样

表 5-2 相似模拟材料力学参数

组　名	岩样力学参数	相似材料配比（骨料：胶结物：水）				
		2：1：0.2	4：1：0.4	6：1：0.6	8：1：0.8	10：1：1
1 组岩样	抗压强度/MPa	5.480	3.891	1.884	1.681	0.733
	弹性模量/GPa	0.247	0.815	0.342	0.746	0.577
	变形模量/GPa	0.321	1.401	0.741	2.431	0.353
	抗拉强度/MPa	0.913	0.649	0.314	0.280	0.122
2 组岩样	抗压强度/MPa	5.179	3.289	1.851	1.415	0.673
	弹性模量/MPa	0.227	0.558	0.530	0.215	0.415
	变形模量/GPa	0.300	0.563	0.591	0.484	0.565
	抗拉强度/MPa	0.880	0.582	0.309	0.239	0.112
3 组岩样	抗压强度/MPa	5.012	2.489	1.651	1.114	0.473
	弹性模量/MPa	0.210	0.446	0.501	0.249	0.415
	变形模量/GPa	0.260	0.512	0.583	0.554	0.465
	抗拉强度/MPa	0.713	0.415	0.275	0.202	0.079

由上述三组试验发现，骨料：胶结物的配比在一定范围内，随着胶结物含量的降低，岩样抗压、抗剪强度减小。基于原位岩石强度：粉砂岩和砂质泥岩、细砂岩、中粗砂岩的强度分别约为 25 MPa、35 MPa、75 MPa、98 MPa，考虑应力相似比为 1：37.5，对应的模拟材料强度分别为 0.667 MPa、0.933 MPa、1.86 MPa、2.61 MPa。考虑表 5-2 提供的试验结果，以及为满足划分巷道耦合承载区、观测巷道变形与破裂发展的需要，选取加载应力约为 1 MPa，选择相似材料配比为：4：1：0.4、6：1：0.6、8：1：0.8、10：1：1 分别模拟细砂岩、中粗砂岩、砂质泥岩和粉砂岩，对应的平均抗压强度分别为 3.160 MPa、1.793 MPa、1.350 MPa、0.626 MPa，符合试验要求。

（3）巷道周边应变片布设

为便于布设各测线环向、径向的应变片，需要事先制作巷道模子，用于浇筑巷道模型，如图 5-4（a）所示，该模子的直径为 600 mm。沿巷道的顶板、帮部、拱脚共计布设 3 条测线用于测试围岩次生应力，各测线的布置范围为巷道模子周边 180 mm 以内，此时，在巷道模子内部沿巷道周边的各条测线分别布设 9 个测点，各测点间距为 20 mm。利用应变砖沿着各测线的测点粘贴径向、环向的应变片，该应变片布设位置的实物、原理如图 5-4（b）和图 5-4（c）所示，其中应变砖材料与巷道材料保持一致。

在平面应力模拟实验台中，沿各条测线在巷道模子外部再布设 7 个测点，各测点间距为 40 mm。据此，各测线共布置了 16 个测点。在图 5-4（c）中标识数字的单位为 cm，1A、2A、3A 代表各测线环向方向，1B、2B、3B 代表各测线径向方向。在巷道模子上架实验台之前，模子围岩外壁涂抹环氧树脂，然后填埋与巷道周边围岩力学特性一致的材料，随后加载一定的水平和垂直方向力，使巷道模子内的相似材料与实验台岩体结合紧密，尽量避免模子尺寸对模拟试验产生影响。

（4）模拟试验加载

1 号交岔点巷道埋深为 954 m，对应的地压 p_0 为 23.8 MPa。2 号交岔点巷道埋深为

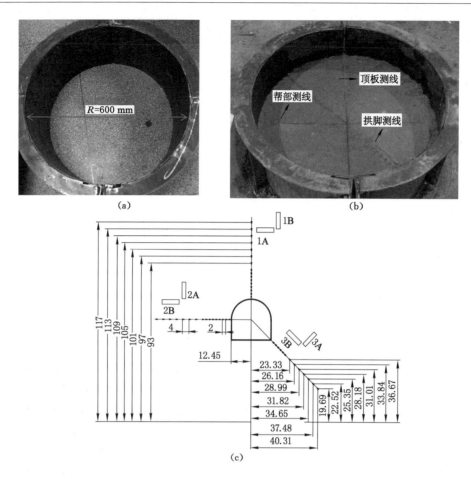

图 5-4　无支护时巷道模型制作及应变片布设

（a）巷道模子；（b）应变片布设实物；（c）应变片布设原理

960 m，对应的地压 p_0 为 24 MPa。在两组试验中，通过改变侧压系数，模拟巷道开挖后（无支护状态）不同围压条件下巷道稳定性。其中，真实地应力和千斤顶加载力之间关系列在表 5-3 中，这是由应力加载相似比，以及试验中各千斤顶荷载比计算所获得的。

表 5-3　　　　　　　　　　　　埋深与千斤顶加载关系

交叉点	地应力与千斤顶加载荷载		$\lambda=1$	$\lambda=1.5$	$\lambda=2$
1 号交岔点	真实地应力/MPa	垂直	23.870	23.870	23.870
		水平	23.870	35.805	47.740
	千斤顶加载荷载/MPa	垂直	61.381	61.381	61.381
		水平	40.920	61.380	81.840
2 号交岔点	真实地应力/MPa	垂直	24.000	24.000	24.000
		水平	24.000	36.000	48.000
	千斤顶加载荷载/MPa	垂直	61.715	61.715	61.715
		水平	41.143	61.715	82.286

（5）分层支护巷道预制

研究对象为高水平应力下裸巷,裸巷周边各测线的应变值是由测试所获得的,根据式(5-5)中应变、应力关系式,计算相应的次生应力场,划分不同岩性、不同侧压条件下裸巷耦合承载区,并分析其稳定性。随后,设计分层支护,并预制分层支护巷道,利用巷道模子浇筑分层支护周边围岩,具体步骤如图 5-5 所示。将浇筑好的巷道模型放置实验台上,模拟高水平应力下分层支护巷道耦合承载区稳定性,并与裸巷试验结果相比较。最后总结裸巷条件下巷道结构性破裂发展情况。

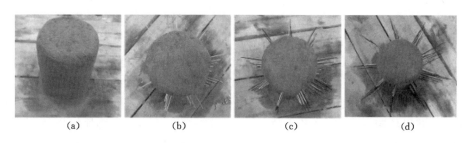

图 5-5　分层支护设计

（a）待开挖巷道;（b）第一层支护;（c）第二层支护;（d）第三层支护

（6）巷道模拟实验台建立

利用相似模拟实验架结合千斤顶,组装成平面应力加载实验装置,该装置主要由平面模型架、千斤顶、法兰盘、高强度螺栓组成,通过高强度螺栓将千斤顶和法兰固定在模型架子的上部和左右两侧,形成平面应力加载实验装置。该实验模型的尺寸为:长度 1.8 m×高度 1.2 m×厚度 0.3 m,真实的直墙半圆拱巷道尺寸为 $B×H=6$ m×5 m,即巷宽 6 m,巷道高度 5 m,对应的直墙半圆拱巷道模拟尺寸为 $B^1×H^1=24$ cm×20 cm,计算出当量圆半径为 3.633 m,当量圆模拟直径为 14 cm。根据上述模拟尺寸,组装 1-2 号交岔点巷道模拟实验台,如图 5-6 所示。

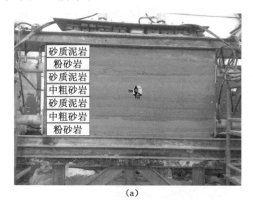
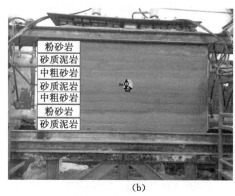

图 5-6　平面应力模型实验台

（a）1 号交岔点巷道平面模型;（b）2 号交岔点巷道平面模型

5.3 高水平应力下分层支护当量圆巷道力学模型试验

对应理论研究采用当量圆巷道作为试验对象。分析侧压和分层支护对当量圆巷道耦合承载区稳定性影响,辅以观测巷道破裂发展情况,判断围岩耦合承载区失稳是巷道结构性破坏的原因,分析分层支护对于控制巷道稳定性的意义。

5.3.1 高水平应力下无支护当量圆巷道耦合承载区稳定性分析

现以1号交岔点当量圆巷道模拟试验为例进行说明,通过改变侧压系数,获得底拱脚测线方向上第一测点的围岩力学参数:

(1)在均匀应力场中:首先,待各条测线布设完成后,此时水平、垂直方向上千斤顶分别加载至40.920 MPa和61.381 MPa,待围岩稳定时,由底拱脚测线上的应变片收集第一测点的环向、径向应变,分别为0.670、0.291。接着,根据中粗砂岩对应的模拟弹性模量$E=$0.458 MPa,获得环向、径向应力,分别为0.307 MPa、0.133 MPa。再根据相似比获得真实环向、径向应力,分别为11.5 MPa、5.0 MPa。最后根据式(5-2),计算出该点等效剪应力为5.77 MPa。

(2)在侧压系数为1.5的非均匀应力场中:水平、垂直方向上千斤顶分别加载至61.381 MPa和61.381 MPa,其他试验条件不变,获得真实环向、径向应力和等效剪应力,分别为13.5 MPa、5.8 MPa、6.9 MPa。

(3)在侧压系数为2的非均匀应力场中:水平、垂直方向上千斤顶分别加载至81.840 MPa和61.381 MPa,其他试验条件不变,获得真实环向、径向应力和等效剪应力,分别为14.3 MPa、6.3 MPa、7.3 MPa。

依据上述操作过程和处理方法,获得了当量圆巷道的顶板、帮部、底拱脚上各测线围岩次生应力的分布规律,结合围岩耦合承载区的划分方法,将无支护条件下1-2号交岔点处的围岩耦合承载区受围压的影响情况,示于图5-7和图5-8中。其中,耦合承载区图中深色曲线表示环向应力,浅色曲线表示径向应力,过渡色曲线表示等效剪应力。其中,"强-弱-关键"耦合承载区在图中相应位置进行了标示。

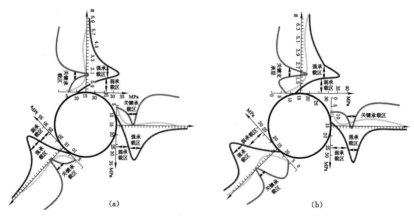

图5-7　无支护条件下1号交岔点承载结构
(a) λ=1;(b) λ=1.5

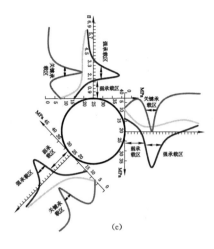

(c)

续图 5-7　无支护条件下 1 号交岔点承载结构

(c) λ＝2

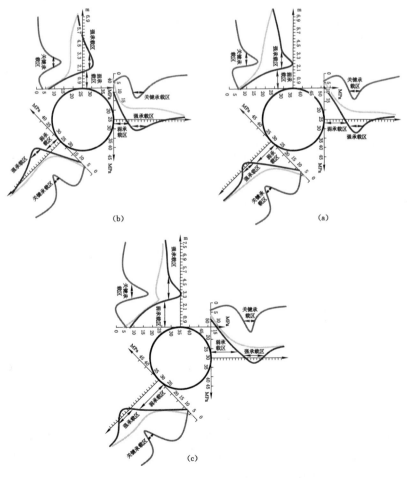

图 5-8　无支护条件下 2 号交岔点承载结构

(a) λ＝1；(b) λ＝1.5；(c) λ＝2

由图 5-7 和图 5-8 可知,当侧压系数保持不变时,2 号交岔点裸巷相较 1 号交岔点裸巷,其整个承载结构向外发生了转移,各承载区范围增大了,如"弱承载区"范围增大,"强-关键"承载区向径向深部围岩转移,破裂区和塑性区范围扩大,承载区承载能力降低,支护难度增加,围岩失稳程度进一步加剧。

同一交岔点处,随着侧压系数增大,巷道帮部和底拱脚部位的承载能力下降更加明显。表 5-4 为巷道顶板、帮部、底拱脚处的"强-弱-关键"承载区的外边界。

表 5-4　　　　　　　　　　　　　　高水平应力下裸巷承载区范围

交岔点	承载区范围	$\lambda = 1$	$\lambda = 1.5$			$\lambda = 2$		
			顶板	帮部	底拱脚	顶板	帮部	底拱脚
1 号交岔点	弱承载区厚度/m	1.30	1.45	1.50	1.80	1.65	1.95	2.40
	关键承载区厚度/m	2.00	2.35	2.55	2.85	2.85	3.05	3.40
	强承载区厚度/m	2.60	2.60	2.80	3.35	3.15	3.50	3.65
2 号交岔点	弱承载区厚度/m	1.75	1.95	1.90	2.55	2.55	2.70	3.30
	关键承载区厚度/m	3.05	3.50	3.20	3.85	4.15	4.35	4.80
	强承载区厚度/m	3.45	3.80	3.70	4.25	5.10	5.40	5.90

5.3.2　高水平应力下分层支护当量圆巷道耦合承载区稳定性分析

根据无支护条件下围岩耦合承载区范围,设计相应的分层支护。其原理和支护参数如图 5-9 至图 5-10 所示,其中锚杆、锚索间排距均为 1 600 mm×1 600 mm,由于圆形巷道具有对称性,所以仅需要提供半圆的支护设计。其中,底拱脚与巷道拱肩部位对称,所以拱肩的分层支护是依据底拱脚承载区范围来设计的。

第一层顶板、拱肩、帮部锚杆:1.7 m
第二层顶板、拱肩、帮部锚杆:2.4 m
第三层顶板、拱肩、帮部锚索:3.3 m

(a)

第一层顶板、拱肩、帮部锚杆:
　1.8 m、2.2 m、2.0 m
第二层顶板、拱肩、帮部锚杆:
　2.7 m、3.2 m、2.9 m
第三层顶板、拱肩、帮部锚索:
　3.4 m、4.1 m、3.6 m

(b)

第一层顶板、拱肩、帮部锚杆:
　2.0 m、2.8 m、2.3 m
第二层顶板、拱肩、帮部锚杆:
　3.2 m、3.8 m、3.4 m
第三层顶板、拱肩、帮部锚索:
　3.9 m、4.4 m、4.3 m

(c)

图 5-9　1 号交岔点分层支护
(a) $\lambda = 1$;(b) $\lambda = 1.5$;(c) $\lambda = 2$

图 5-9 和图 5-10 是针对表 5-4 中不同交岔点、不同侧压系数下围岩耦合承载区范围所设计的分层支护。当侧压系数一定时,2 号交岔点分层支护相较 1 号交岔点有以下变化:

(1)第一层支护:在静水压力下巷道需要加长锚杆 0.4 m,侧压系数为 1.5 时顶板、拱肩和帮部处锚杆需分别加长 0.5 m、0.7 m、0.3 m,侧压系数为 2.0 时顶板、拱肩和帮部处锚杆

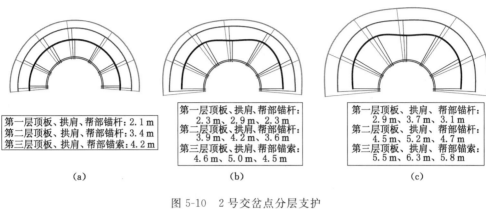

第一层顶板、拱肩、帮部锚杆：2.1 m
第二层顶板、拱肩、帮部锚杆：3.4 m
第三层顶板、拱肩、帮部锚索：4.2 m

(a)

第一层顶板、拱肩、帮部锚杆：
2.3 m、2.9 m、2.3 m
第二层顶板、拱肩、帮部锚杆：
3.9 m、4.2 m、3.6 m
第三层顶板、拱肩、帮部锚索：
4.6 m、5.0 m、4.5 m

(b)

第一层顶板、拱肩、帮部锚杆：
2.9 m、3.7 m、3.1 m
第二层顶板、拱肩、帮部锚杆：
4.5 m、5.2 m、4.7 m
第三层顶板、拱肩、帮部锚索：
5.5 m、6.3 m、5.8 m

(c)

图 5-10　2 号交岔点分层支护

(a) $\lambda = 1$；(b) $\lambda = 1.5$；(c) $\lambda = 2$

需分别加长 0.9 m、0.9 m、0.8 m。

(2) 第二层支护：在静水压力下巷道需要加长锚杆 1.0 m，侧压系数为 1.5 时顶板、拱肩和帮部处锚杆需分别加长 1.2 m、1.0 m、0.7 m，侧压系数为 2.0 时顶板、拱肩和帮部处锚杆需分别加长 1.3 m、1.4 m、1.3 m。

(3) 第三层支护：在静水压力下巷道需要加长锚索 0.9 m，侧压系数为 1.5 时顶板、拱肩和帮部处锚索需分别加长 1.2 m、0.9 m、0.9 m，侧压系数为 2.0 时顶板、拱肩和帮部处锚索需分别加长 1.6 m、1.9 m、1.5 m。

在分层支护条件下，1-2 号交岔点巷道承载区特性如图 5-11 和图 5-12 所示。

比较图 5-11 和图 5-12 与图 5-7 和图 5-8 可知，各承载区范围均有所减小，且更加靠近巷壁，侧压系数对于巷道承载区稳定性的影响也不明显。由此可知，分层支护能够有效减小巷道"弱承载区"范围，限制"强-关键"承载区扩展。表 5-5 提供了巷道顶板、帮部、底拱脚处的"强-弱-关键"承载区的外边界。

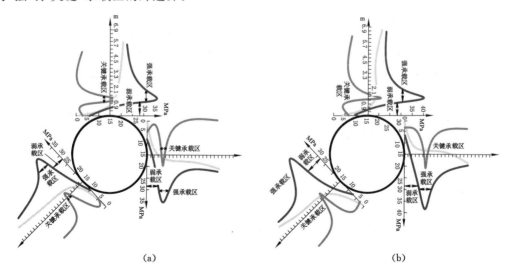

图 5-11　分层支护下 1 号交岔点承载结构

(a) $\lambda = 1$；(b) $\lambda = 1.5$

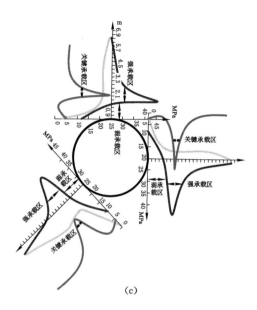

(c)

续图 5-11　分层支护下 1 号交岔点承载结构

(c)λ = 2

将不同侧压系数下开挖-支护过程中 1-2 号交岔点巷道对应的切向应力集中系数示于图 5-13 和图 5-14 中。

由图 5-13 和图 5-14 可知,1-2 号交岔点巷道的顶板、帮部、底拱脚的应力集中系数依次减小,随着侧压系数的增大应力集中系数也增大。其中,1 号交岔点的应力集中程度较 2 号交岔点更明显,上述现象表明围岩完整性越好,越易发生应力集中现象。

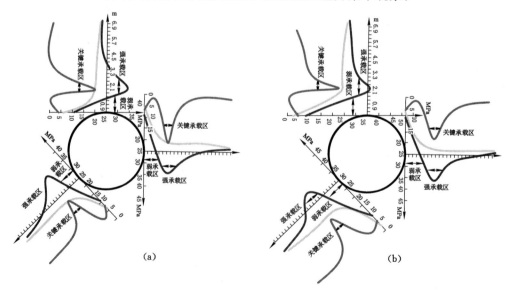

(a)　(b)

图 5-12　分层支护下 2 号交岔点承载结构

(a)λ = 1;(b)λ = 1.5

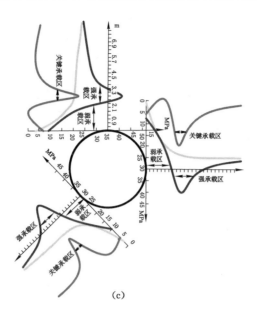

续图 5-12　分层支护下 2 号交岔点承载结构

(c) $\lambda = 2$

表 5-5　　　　　　　　　　　　　分层支护条件下承载区范围

交岔点	承载区范围	$\lambda = 1$	$\lambda = 1.5$			$\lambda = 2$		
			顶板	帮部	底拱脚	顶板	帮部	底拱脚
1号交岔点	弱承载区厚度/m	0.90	1.00	1.10	1.20	1.30	1.50	1.60
	关键承载区厚度/m	1.40	1.85	2.00	2.10	2.40	2.55	2.70
	强承载区厚度/m	2.00	2.10	2.25	2.40	2.60	2.80	3.10
2号交岔点	弱承载区厚度/m	1.30	1.40	1.5	1.60	1.85	1.90	2.00
	关键承载区厚度/m	2.25	2.70	2.80	2.90	3.15	3.20	3.35
	强承载区厚度/m	2.60	3.10	3.15	3.40	3.60	3.70	3.95

5.3.3　高水平应力下当量圆巷道围岩结构性破裂发展研究

通过观测巷道的破裂范围发展趋势,研究不同交岔点、不同侧压系数和不同支护条件对当量圆形巷道破裂发展的影响,从而获得围岩破裂发展规律,如图 5-15 至图 5-18 所示。

在图 5-15 至图 5-18 中深色曲线表示巷道破裂范围、浅色曲线表示断面收敛界限。

无支护时随着侧压增加,2 号交岔点较 1 号交岔点围岩破裂加剧、巷道断面收敛更明显。侧压系数对围岩破裂发展影响较大,同一交岔点,当侧压系数 $\lambda = 1$ 时,围岩破裂近似呈圆形,随着侧压系数增大,帮部破裂加剧,且收敛明显,底板鼓出,顶板呈现楔形冒落,且冒落高度逐步增加,特别当 $\lambda = 2$ 时,2 号交岔点底鼓和顶板楔形冒落更加明显,围岩呈现结构性失稳特征。

分层支护下高水平应力巷道围岩破裂发展不明显,顶板楔形冒落和底鼓等结构性失稳现象得到了有效的限制。仅当 2 号交岔点侧压系数为 1.5、2 时,巷道出现两帮收敛、顶板冒

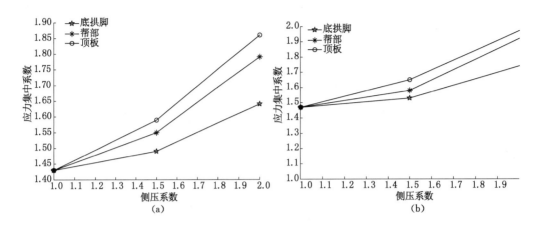

图 5-13 1 号交岔点切向应力集中系数

（a）无支护条件；（b）分层支护条件

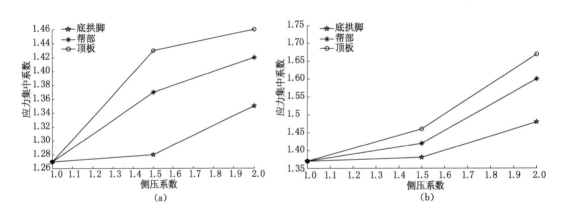

图 5-14 2 号交岔点切向应力集中系数

（a）无支护条件；（b）分层支护条件

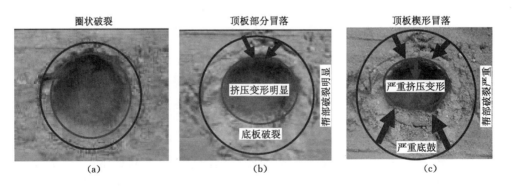

图 5-15 无支护条件下 1 号交岔点破裂发展情况

（a）$\lambda=1$；（b）$\lambda=1.5$；（c）$\lambda=2$

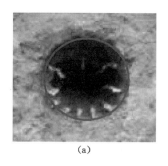
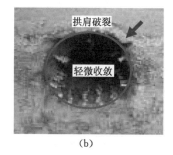
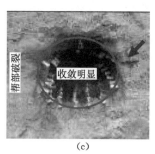

(a)　　　　　　　　　　(b)　　　　　　　　　　(c)

图 5-16　分层支护下 1 号交岔点破裂发展情况

(a)$\lambda = 1$；(b)$\lambda = 1.5$；(c)$\lambda = 2$

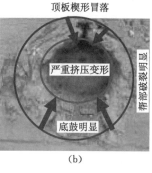
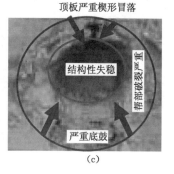

(a)　　　　　　　　　　(b)　　　　　　　　　　(c)

图 5-17　无支护条件下 2 号交岔点破裂发展情况

(a)$\lambda = 1$；(b)$\lambda = 1.5$；(c)$\lambda = 2$

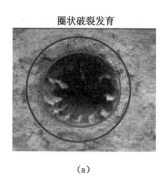
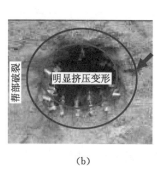

(a)　　　　　　　　　　(b)　　　　　　　　　　(c)

图 5-18　分层支护下 2 号交岔点破裂发展情况

(a)$\lambda = 1$；(b)$\lambda = 1.5$；(c)$\lambda = 2$

落,但没有出现结构性失稳现象。1 号交岔点侧压系数为 1.5、2 时,巷道断面略微收敛。在均匀应力场中,仅 2 号交岔点出现了少量裂纹,但没有收敛。表 5-6 中列出了在无支护、分层支护条件下,不同交岔点、不同侧压系数对应的巷道断面收敛量。

表 5-6 巷道断面收敛量

交岔点	支护条件	巷道断面收敛量	$\lambda=1$	$\lambda=1.5$			$\lambda=2$		
				顶板	底拱脚	帮部	顶板	底拱脚	帮部
1号交岔点	无支护	模拟量/cm	0.90	1.30	2.70	1.10	2.90	6.30	2.10
		真实值/m	0.23	0.33	0.68	0.28	0.73	1.58	0.53
	分层支护	模拟量/cm	0.60	1.10	1.90	0.80	1.50	3.60	1.40
		真实值/m	0.15	0.28	0.48	0.20	0.38	0.90	0.35
2号交岔点	无支护	模拟量/cm	1.30	2.60	3.80	1.40	2.90	7.50	1.80
		真实值/m	0.33	0.65	0.95	0.35	0.73	1.87	0.45
	分层支护	模拟量/cm	0.70	1.20	2.10	1.10	1.60	3.90	1.50
		真实值/m	0.18	0.30	0.53	0.28	0.40	0.98	0.38

将不同支护方式、不同交岔点和不同侧压系数条件下的巷道破裂范围列在表 5-7 中。

表 5-7 巷道断面破裂区范围

交岔点	支护条件	巷道破裂范围	$\lambda=1$	$\lambda=1.5$			$\lambda=2$		
				顶板	底拱脚	帮部	顶板	底拱脚	帮部
1号交岔点	无支护	模拟量/cm	5.80	6.20	10.60	8.50	6.90	12.50	9.80
		真实值/m	1.45	1.55	2.70	2.13	1.73	3.12	2.45
	分层支护	模拟量/cm	3.50	4.50	5.00	4.60	5.60	6.10	5.80
		真实值/m	0.88	1.13	1.25	1.15	1.40	1.53	1.45
2号交岔点	无支护	模拟量/cm	8.20	8.90	14.5	10.2	10.8	16.0	12.3
		真实值/m	2.10	2.23	3.63	2.55	2.70	4.00	3.07
	分层支护	模拟量/cm	5.40	6.70	7.00	6.80	8.40	8.70	8.50
		真实值/m	1.40	1.68	1.75	1.70	2.10	2.18	2.13

5.4 高水平应力下分层支护直墙半圆拱巷道力学模型试验

5.4.1 高水平应力下无支护直墙半圆拱巷道耦合承载区分析

现以 2 号交岔点直墙半圆拱巷道模拟结果为例进行说明,通过改变侧压系数,获得底拱脚测线方向第一测点的围岩力学参数:

(1) 在均匀应力场中:首先,待各条测线布设完成后,水平、垂直方向上的千斤顶分别加载至 41.143 MPa 和 61.715 MPa,待围岩稳定时,由底拱脚测线上的应变片收集第一测点的环向、径向应变,分别为 0.618、0.069。接着,根据相似模拟中砂质泥岩的弹性模量 $E=0.388$ MPa,获得相应的环向、径向应力,分别为 0.240 MPa、0.027 MPa。再根据相似比获得真实的环向、径向应力,分别为 9.0 MPa、1.0 MPa。最后根据式(5-2),计算出该点的等效剪应力为 5.02 MPa。

（2）在侧压系数为 1.5 的非均匀应力场中：水平、垂直方向上的千斤顶分别加载至 61.715 MPa 和61.715 MPa，其他试验条件不变，获得真实环向、径向应力和等效剪应力，分别为 11.30 MPa、3.00 MPa、5.96 MPa。

（3）在侧压系数为 2 的非均匀应力场中：水平、垂直方向上的千斤顶分别加载至 82.286 MPa 和61.715 MPa，其他试验条件不变，获得真实环向、径向应力和等效剪应力，分别为 13.5 MPa、5.00 MPa、6.96 MPa。

依据上述处理方法，获得顶板、帮部、底拱脚各测线处围岩次生应力的分布规律，结合围岩耦合承载区的划分方法，将无支护条件下 1 号、2 号交岔点围岩耦合承载区受围压的影响情况示于图 5-19 和图 5-20 中。其中，图中深色曲线表示环向应力，浅色曲线表示径向应力，过渡色曲线表示等效剪应力。

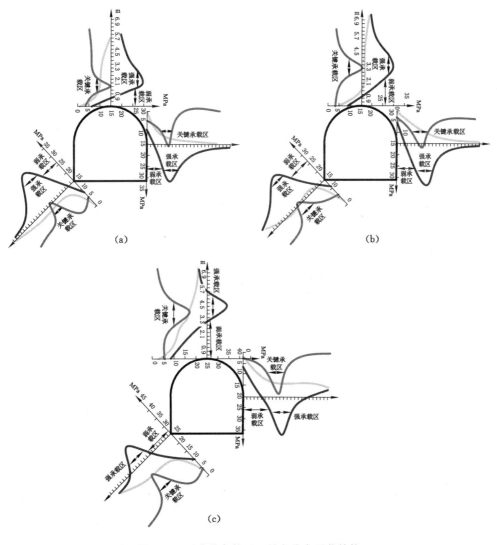

图 5-19 无支护条件下 1 号交岔点承载结构

（a）λ＝1；（b）λ＝1.5；（c）λ＝2

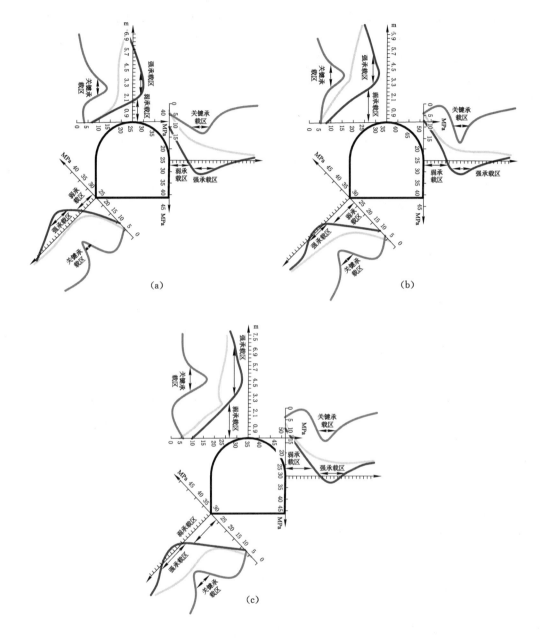

图 5-20　无支护条件下 2 号交岔点承载结构

(a)λ = 1；(b)λ = 1.5；(c)λ = 2

　　由图 5-19 和图 5-20 可知,当围压保持不变时,2 号交岔点较 1 号交岔点巷道,其整个承载区外移,各承载区范围扩大,如"弱承载区"范围扩大,"强-关键"承载区转移,围岩破裂范围和塑性流动范围增大,围岩承载能力下降,支护难度增加,围岩失稳程度更加严重。交岔点不变,随着侧压系数增大,帮部和底拱脚部位的承载能力下降更加明显。表 5-8 为巷道顶板、帮部、底拱脚处的"强-弱-关键"承载区外边界。

表 5-8 无支护条件下承载区范围

埋深/m	承载区范围	λ = 1			λ = 1.5			λ = 2		
		顶板	底拱脚	帮部	顶板	底拱脚	帮部	顶板	底拱脚	帮部
954	弱承载区厚度/m	1.30	1.60	1.20	2.20	1.95	1.50	3.20	2.35	2.20
	关键承载区厚度/m	2.25	3.00	2.00	3.70	3.30	2.70	4.65	3.90	3.35
	强承载区厚度/m	2.75	3.40	2.50	4.10	3.70	3.10	5.10	4.40	4.00
960	弱承载区厚度/m	1.95	1.95	1.70	2.60	2.45	2.10	2.95	2.70	2.30
	关键承载区厚度/m	3.35	3.30	3.30	4.60	4.20	3.70	5.60	5.10	4.20
	强承载区厚度/m	4.25	4.20	3.95	5.55	4.95	4.10	7.20	6.20	4.80

5.4.2 高水平应力下分层支护直墙半圆拱巷道耦合承载区分析

根据无支护条件所提供的直墙半圆拱巷道耦合承载区范围,设计相应的分层支护。其原理和支护参数如图 5-21 和图 5-22 所示,其中锚杆、锚索支护间排距均为 1 600 mm× 1 600 mm。

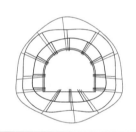
第一层顶板、拱肩、帮部锚杆:
1.5 m、1.6 m、1.5 m
第二层顶板、拱肩、帮部锚杆:
2.5 m、3.1 m、2. m
第三层顶板、拱肩、帮部锚索:
3.5 m、4.0 m、3.5 m

(a)

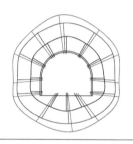
第一层顶板、拱肩、帮部锚杆:
2.0 m、1.8 m、1.7 m
第二层顶板、拱肩、帮部锚杆:
3.5 m、3.4 m、3.0 m
第三层顶板、拱肩、帮部锚索:
4.5 m、4.0 m、3.5 m

(b)

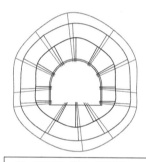
第一层顶板、拱肩、帮部锚杆:
2.7 m、2.4 m、1.9 m
第二层顶板、拱肩、帮部锚杆:
4.3 m、4.1 m、3.7 m
第三层顶板、拱肩、帮部锚索:
5.5 m、5.0 m、4.5 m

(c)

图 5-21 1 号交岔点分层支护

(a) λ = 1;(b) λ = 1.5;(c) λ = 2

根据不同交岔点、不同侧压系数下围岩力学承载区范围所设计的分层支护结果如下:

(1) 当侧压系数一定时,2 号交岔点相较 1 号交岔点:第一层支护中巷道顶底板、拱肩和底拱脚需要加长锚杆 0.2～0.4 m;第二层支护中巷道顶底板、拱肩和底拱脚需要加长锚杆 0.5～1.5 m,当侧压系数为 2 时,顶板锚杆加长 1.5 m;第三层支护中巷道顶底板、拱肩和底拱脚需要加长锚索 0.5～2.0 m,其中侧压系数为 2 时,顶板锚索加长 2.0 m。

(2) 侧压系数每增加 0.5,在同一交岔点处:巷道顶底板锚杆、锚索分别加长 0.4～0.8 m、1.0～2.0 m,拱肩、底拱锚杆、锚索分别加长 0.1～0.6 m、0.5～1.0 m,帮部锚杆、锚索分别加长 0.1～0.4 m、0.1～0.5 m。当侧压系数为 2 时,软岩顶板锚索长度达 7.5 m。

在分层支护条件下,1-2 号交岔点巷道承载区特性如图 5-23 和图 5-24 所示。

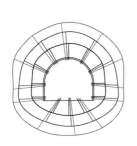

第一层顶板、拱肩、帮部锚杆：
2.0 m、2.0 m、1.7 m
第二层顶板、拱肩、帮部锚杆：
3.4 m、3.3 m、3.3 m
第三层顶板、拱肩、帮部锚索：
4.5 m、4.5 m、4.0 m

（a）

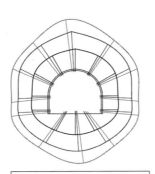

第一层顶板、拱肩、帮部锚杆：
2.6 m、2.5 m、2.1 m
第二层顶板、拱肩、帮部锚杆：
4.6 m、4.2 m、3.7 m
第三层顶板、拱肩、帮部锚索：
6.0 m、5.0 m、4.5 m

（b）

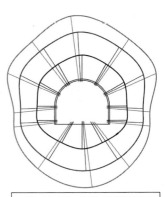

第一层顶板、拱肩、帮部锚杆：
3.0 m、2.7 m、2.3 m
第二层顶板、拱肩、帮部锚杆：
5.6 m、5.1 m、4.2 m
第三层顶板、拱肩、帮部锚索：
7.5 m、6.5 m、5.0 m

（c）

图 5-22　2 号交岔点分层支护
(a)$\lambda = 1$；(b)$\lambda = 1.5$；(c)$\lambda = 2$

比较图 5-23 和图 5-24 与图 5-20 和图 5-21 可知，各承载区范围均有所减小，且更加靠近巷壁，侧压系数对于巷道承载区稳定性的影响也不明显。由此可知，分层支护能够有效减小巷道"弱承载区"范围，限制"强-关键"承载区扩展。表 5-9 提供了巷道顶板、帮部、底拱脚处的"强-弱-关键"承载区的外边界。

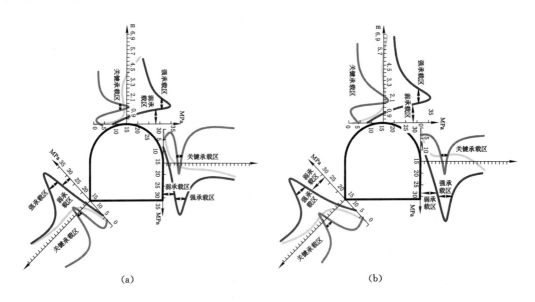

（a）　　　　　　　　　　　　　（b）

图 5-23　分层支护下 1 号交岔点承载结构
(a)$\lambda = 1$；(b)$\lambda = 1.5$；

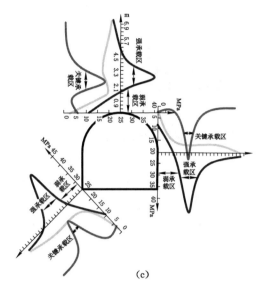

(c)

续图 5-23 分层支护下 1 号交岔点承载结构

(c) $\lambda = 2$

将不同侧压系数下 1-2 号交岔点巷道在开挖-支护过程中切向应力集中系数示于图 5-25 和图 5-26 中。

比较图 5-25 和图 5-26 与图 5-13 和图 5-14 可知,直墙半圆拱巷道相较当量圆巷道的应力集中系数更小,表明其围岩承载能力较差。应力集中系数在 1-2 号交岔点的帮部、底拱脚、顶板是依次减小的,且随着侧压系数的增大而增加。其中,1 号交岔点的应力集中程度较 2 号交岔点的高。

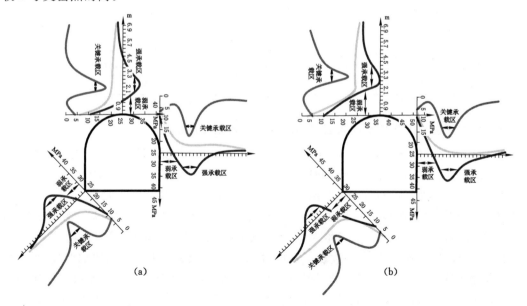

(a)   (b)

图 5-24 分层支护下 2 号交岔点承载结构

(a) $\lambda = 1$;(b) $\lambda = 1.5$

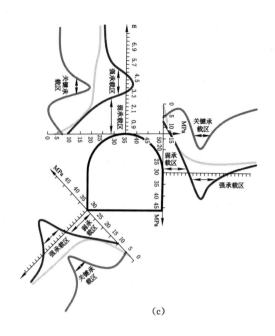

(c)

续图 5-24　分层支护下 2 号交岔点承载结构

(c) $\lambda = 2$

表 5-9　　　　　　　　　　　　　　分层支护条件下承载区范围

埋深/m	承载区范围	$\lambda = 1$			$\lambda = 1.5$			$\lambda = 2$		
		顶板	底拱脚	帮部	顶板	底拱脚	帮部	顶板	底拱脚	帮部
954	弱承载区厚度/m	1.10	1.15	1.10	1.45	1.40	1.30	1.95	1.85	1.70
	关键承载区厚度/m	1.40	1.45	1.45	2.45	2.40	2.10	3.10	2.95	2.85
	强承载区厚度/m	1.80	1.95	1.80	2.70	2.70	2.50	3.70	3.50	3.20
960	弱承载区厚度/m	1.30	1.60	1.20	2.20	1.95	1.50	3.20	2.35	2.20
	关键承载区厚度/m	2.25	3.00	2.00	3.70	3.30	2.70	4.65	3.90	3.35
	强承载区厚度/m	2.75	3.40	2.50	4.10	3.70	3.10	5.10	4.40	4.00

5.4.3　高水平应力下直墙半圆拱巷道围岩结构性破裂发展研究

通过观测巷道的破裂范围发展规律,研究不同岩性、不同侧压系数和不同支护条件对直墙半圆拱巷道破裂的影响,从而获得围岩破裂发展规律,如图 5-27 至图 5-30 所示。

由图 5-27 至图 5-30 可知,直墙半圆拱巷道变形破坏程度略大于当量圆巷道。在无支护条件下,2 号交岔点相较 1 号交岔点,其围岩破裂加剧,巷道断面收敛明显。侧压系数对围岩破裂影响较大,随着侧压系数增大,水平应力增加,帮部破裂加剧,且收敛明显,底板鼓出,顶板呈现楔形冒落,且冒落高度逐步增加,特别是 2 号交岔点巷道冒落更加明显,呈现严重的结构性破坏特征。在分层支护下围岩破裂不明显,仅 2 号交岔点软岩巷道在侧压系数为 1.5、2 时,巷道出现了两帮收敛、顶板冒落现象,但不严重。1 号交岔点硬岩巷道在侧压系数为 1.5、2 时,断面略微收敛。在均匀应力场中,仅 2 号交岔点巷道出现少量裂纹,但没有收敛。

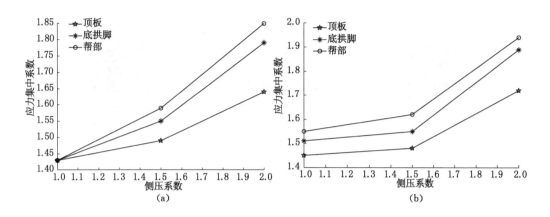

图 5-25 1 号交岔点巷道切向应力集中系数
(a) 无支护条件;(b) 分层支护条件

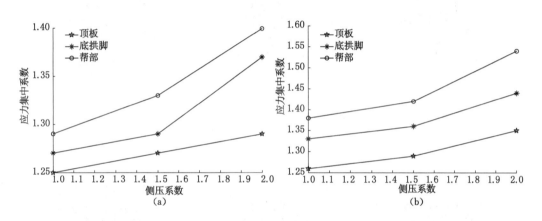

图 5-26 2 号交岔点巷道切向应力集中系数
(a) 无支护条件;(b) 分层支护条件

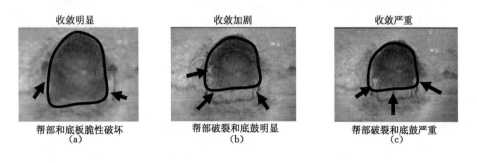

图 5-27 无支护条件下 1 号交岔点破裂发展情况
(a) λ = 1;(b) λ = 1.5;(c) λ = 2

　　表 5-10 列出了无支护、分层支护条件下,不同交岔点、不同侧压系数对应的巷道断面收敛量。表 5-11 列出了无支护、分层支护条件下,不同岩性、不同侧压系数对应的围岩破裂范围。

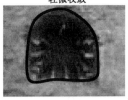
轻微收敛
(a)

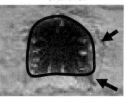
轻微收敛
帮部和底板轻微脆性破坏
(b)

收敛明显
帮部和顶底板脆性破坏
(c)

图 5-28　分层支护下 1 号交岔点破裂发展情况

(a)λ＝1；(b)λ＝1.5；(c)λ＝2

收敛加剧
片帮
底鼓
(a)

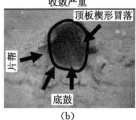
收敛严重
顶板楔形冒落
片帮
底鼓
(b)

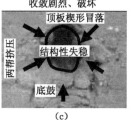
收敛剧烈、破坏
顶板楔形冒落
两帮挤压
结构性失稳
底鼓
(c)

图 5-29　无支护条件下 2 号交岔点破裂发展情况

(a)λ＝1；(b)λ＝1.5；(c)λ＝2

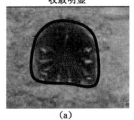
收敛明显
(a)

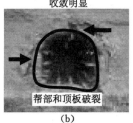
收敛明显
帮部和顶板破裂
(b)

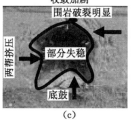
收敛加剧
围岩破裂明显
两帮挤压
部分失稳
底鼓
(c)

图 5-30　分层支护下 2 号交岔点破裂发展情况

(a)λ＝1；(b)λ＝1.5；(c)λ＝2

表 5-10　　　　　　　　　　　　　　　　巷道断面收敛量

交岔点	支护条件	巷道断面收敛量	λ＝1			λ＝1.5			λ＝2		
			顶板	底拱脚	帮部	顶板	底拱脚	帮部	顶板	底拱脚	帮部
1号交岔点	无支护	模拟量/cm	1.20	2.40	1.40	2.90	2.00	1.10	5.50	3.20	2.40
		真实值/m	0.30	0.60	0.35	0.73	0.50	0.28	1.38	0.80	0.60
	分层支护	模拟量/cm	1.10	1.40	1.20	1.70	1.20	0.90	3.80	1.80	1.50
		真实值/m	0.28	0.35	0.30	0.43	0.30	0.23	0.95	0.45	0.38

表 5-10(续)

交岔点	支护条件	巷道断面收敛量	$\lambda = 1$			$\lambda = 1.5$			$\lambda = 2$		
			顶板	底拱脚	帮部	顶板	底拱脚	帮部	顶板	底拱脚	帮部
2号交岔点	无支护	模拟量/cm	2.80	3.70	2.90	6.10	3.60	3.10	8.00	4.50	3.10
		真实值/m	0.70	0.93	0.73	1.53	0.90	0.78	2.00	1.13	0.78
	分层支护	模拟量/cm	1.40	1.80	1.50	2.50	2.20	2.10	3.90	2.60	2.40
		真实值/m	0.35	0.45	0.38	0.63	0.55	0.53	0.98	0.65	0.60

表 5-11 围岩破裂区范围

交岔点	侧压系数	无支护	分层支护
1号交岔点	$\lambda = 1$	模拟值:6.8 cm 真实值:1.7 m	模拟值:4.5 cm 真实值:1.13 m
	$\lambda = 1.5$	模拟值:7.2~10.6 cm 真实值:1.8~2.7 m	模拟值:5.6 cm 真实值:1.4 m
	$\lambda = 2$	模拟值:7.8~13.5 cm 真实值:2.0~3.4 m	模拟值:6.8 cm 真实值:1.7 m
2号交岔点	$\lambda = 1$	模拟值:9.2 cm 真实值:2.3 m	模拟值:6.4 cm 真实值:1.9 m
	$\lambda = 1.5$	模拟值:10.9~15.6 cm 真实值:2.7~3.9 m	模拟值:8.6 cm 真实值:2.2 m
	$\lambda = 2$	模拟值:12.8~20 cm 真实值:3.2~5.0 m	模拟值:8.5 cm 真实值:2.4 m

6 深部巷道工程实践

在前面章节中,通过工程实测研究深部巷道耦合承载区力学形成机制,理论研究阐明了巷道结构性失稳机理,数值模拟验证了分层支护效果,巷道模型试验研究了高水平应力下分层支护巷道承载区稳定性。为进一步掌握深部巷道结构性失稳机理,制定合理支护方案,建立从巷道失稳机理分析、分层支护设计,到支护质量监测与效果评价的一整套科学技术体系,形成深部巷道围岩控制技术规范。采用如下研究方案:(1)深部巷道分层支护设计。根据工程实测获得的 1-2 号交岔点巷道耦合承载区分布形态,设计分层支护方案。(2)观测深部巷道破裂区形成和演化规律。在裸巷、原支护和分层支护条件下,分别利用多种测试手段现场实测巷道围岩破裂区的形成和演化规律。如利用地质雷达,沿巷道断面径向扫描;利用瑞利波,沿着巷道顶板、底板和帮部布置测线;利用钻孔窥视,沿径向观测围岩断面完整性;巷道径向深部位移观测,历时 1 个月对试验地点进行位移观测。

6.1 深部裸巷"强-弱-关键"耦合承载区稳定性分层支护方法

根据第 2 章数值模拟中开挖初期 1-2 号交岔点巷道耦合承载区的承载范围,并考虑现场支护施工方便,将同一断面中支护范围相差不大的锚杆、锚索尽量设计为相同长度,同时考虑锚杆、锚索尾部长为 0.3 m,以及锚索延伸端头的悬吊长度为 0.5 m,则相应的分层支护方案如下。

1 号交岔点硬岩巷道沿着帮部、拱肩、底角、顶板和底板的支护参数:第一层支护分别为 $\phi20$ mm×2 400 mm、$\phi20$ mm×2 400 mm、$\phi20$ mm×2 800 mm、$\phi20$ mm×3 000 mm、$\phi20$ mm×3 400 mm 的全长注浆短锚杆,间排距 800 mm×800 mm,破断力 258 kN、预紧力 0.1 MPa。第二层支护分别为 $\phi25$ mm×2 800 mm、$\phi25$ mm×2 800 mm、$\phi25$ mm×3 100 mm、$\phi25$ mm×3 500 mm、$\phi25$ mm×3 700 mm 的端头注浆锚杆,注浆范围 0.2 m,间排距 1 600 mm×1 600 mm,破断力 462 kN、预紧力 0.18 MPa。第三层支护分别为 $\phi17.8$ mm×3 500 mm、$\phi17.8$ mm×3 500 mm、$\phi17.8$ mm×3 800 mm、$\phi17.8$ mm×4 200 mm、$\phi17.8$ mm×4 500 mm 的锚索,间排距 1 600 mm×1 600 mm。金属网采用 $\phi6.5$ mm 圆钢制作,金属网规格 1 700 mm×1 000 mm,网格尺寸 100 mm×100 mm,喷浆 150 mm。

2 号交岔点软岩巷道沿着帮部、底板、底角、拱肩和顶板的支护参数:第一层支护分别为 $\phi20$ mm×3 000 mm、$\phi20$ mm×3 400 mm、$\phi20$ mm×3 600 mm、$\phi20$ mm×3 800 mm 的全长注浆短锚杆,间排距 800 mm×800 mm,破断力 258 kN、预紧力 0.1 MPa。第二层支护分别为 $\phi25$ mm×3 600 mm、$\phi25$ mm×3 800 mm、$\phi25$ mm×3 800 mm、$\phi25$ mm×4 000 mm、$\phi25$ mm×4 300 mm 的端头注浆锚杆,注浆范围 0.4 m,间排距 1 600 mm×1 600 mm,破断力 462 kN、预紧力 0.18 MPa。第三层支护分别为 $\phi17.8$ mm×

4 800 mm、ϕ17.8 mm×5 000 mm、ϕ17.8 mm×5 000 mm、ϕ17.8 mm×5 300 mm、ϕ17.8 mm×5 600 mm 的锚索,间排距 1 600 mm×1 600 mm。金属网采用 ϕ6.5 mm 圆钢制作,金属网规格 1 700 mm×1 000 mm,网格尺寸 100 mm×100 mm,喷浆 150 mm。1-2号交岔点巷道的分层支护方案如图 6-1 所示。

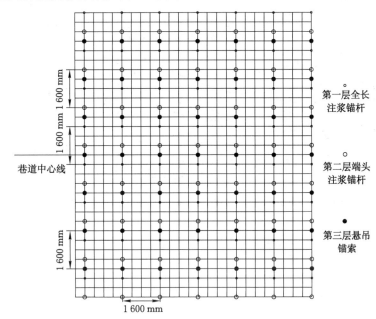

图 6-1　1-2 号交岔点巷道分层支护方案

6.2　深部分层支护巷道"强-弱-关键"耦合承载区稳定性分析

在相同的测试方法和承载区划分方法下,将分层支护方案下围岩次生应力和承载区的演化规律示于图 6-2 和图 6-3 中。

由图 6-2 可知,在分层支护条件下,1 号交岔点巷道承载区范围和应力集中程度如下所述:分层支护 1 号交岔点巷道,沿着巷道帮部、底角和顶板以及底板处"弱承载区"范围明显缩小,"强-关键"承载区向深部转移程度得到一定程度限制。获得的"弱承载区"数据为:承载范围分别为 1.36 m、1.48 m、1.80 m、1.80 m。获得的"强承载区"数据为:承载范围分别为 1.50~2.35 m、1.53~2.45 m、1.85~2.56 m、1.85~2.64 m;应力集中系数分别为 2.10、2.03、1.87、1.82。获得的"关键承载区"数据为:端头锚注范围分别为 1.70~2.00 m、1.74~2.00 m、2.10~2.16 m,无剪切屈服区。

由图 6-3 可知,分层支护后 2 号交岔点巷道承载区范围和应力集中程度如下所述:分层支护后 2 号交岔点巷道,沿着巷道帮部、底板和拱肩以及顶板处"弱承载区"范围扩大,"强-关键"承载区向深部转移受到较大程度限制。获得的"弱承载区"数据为:承载范围分别为 1.80 m、1.82 m、2.14 m、2.21 m。获得的"强承载区"数据为:承载范围分别为 1.88~2.70 m、1.90~2.70 m、2.20~2.70 m、2.26~2.86 m;应力集中系数分别为 1.76、1.69、1.62、1.59。获得的"关键承载区"数据为:端头锚注范围分别为 2.00~2.33 m、2.03~

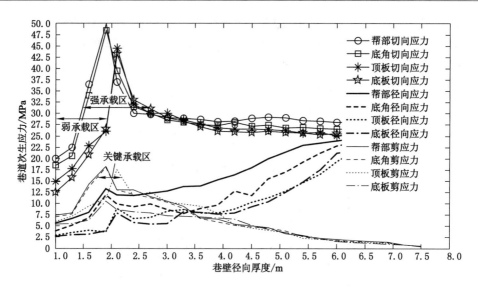

图 6-2　分层支护后 1 号交岔点巷道围岩次生应力演化规律

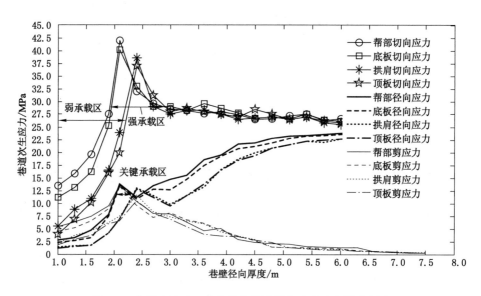

图 6-3　分层支护后 2 号交岔点巷道围岩次生应力演化规律

2.25 m、2.06～2.30 m、2.10～3.32 m。

6.3　深部分层支护巷道破碎区发育情况分析

利用地质雷达、钻孔窥视仪等仪器,现场实测围岩深-浅部破碎区发育、变形情况,初步掌握巷道掘进-支护过程中围岩状况。

（1）地质雷达测试巷道破裂区发育情况

在原支护方案和分层支护方案下,经现场施工后,分别对井底车场 1-2 号交岔点径向断面的围岩进行地质雷达测试。现场施工测试如图 6-4 所示。地质雷达测试时发送一种强频电磁波,其波段为数十兆赫兹至千兆赫兹,由地面经天线发射器通过宽频带短脉冲发送至地下,经目的地层界面反射回来。根据该原理在 1-2 号交岔点分别进行地质雷达探测。

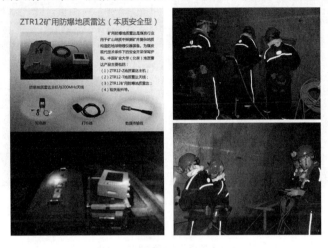

图 6-4 地质雷达现场实测图

沿巷道径向断面测试:为研究沿巷道径向的围岩"损伤-破裂"情况,在试验地点选择巷道的某一断面作为研究对象,利用地质雷达贴着巷道壁面由巷道左帮角扫视到巷道右帮角,其原理如图 6-5 所示。

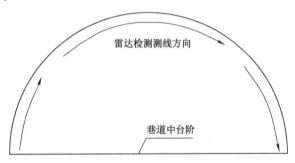

图 6-5 地质雷达沿巷道径向探测示意

地质雷达测试结果通过零线设定,背景去噪,一维滤波等处理得到巷道部分有代表性的剖面图,如图 6-6 和图 6-7 所示。

由图 6-6 和图 6-7 可知:

在原支护方案下,1 号交岔点裂隙区范围为 3.3~6.5 m,2 号交岔点裂隙区范围为 6.56~7.8 m,但在同一巷道断面内不同位置处破裂区大小不一,体现了巷道破坏的非对称性。

分层支护后,1 号交岔点裂隙区平均厚度减小为 2.6 m,2 号交岔点裂隙区平均厚度缩小为 3.45 m。

(2) 深孔窥视仪探测巷道破碎区发育情况

根据分层支护方案,现场施工后,对井底车场 1-2 号交岔点围岩进行钻孔窥视。钻孔直径为 36 mm,根据围岩裂隙发育情况分别设置相应的钻孔深度,给出各钻孔围岩破裂和发

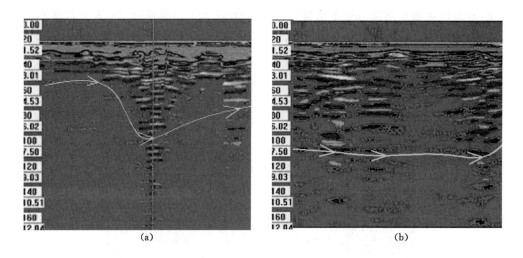

图 6-6　原支护条件下 1-2 号交岔点巷道地质雷达测试结果

(a) 1 号交岔点；(b) 2 号交岔点

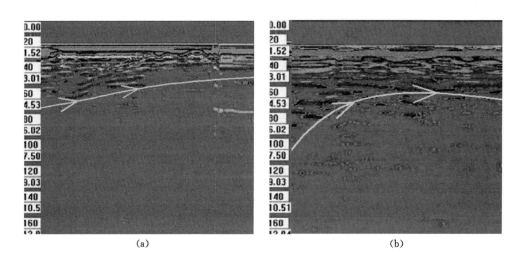

图 6-7　分层支护条件下 1-2 号交岔点巷道地质雷达测试结果

(a) 1 号交岔点；(b) 2 号交岔点

育情况,现场施工如图 6-8 所示。

分层支护后 1-2 号交岔点的围岩松动圈发育情况窥视结果如图 6-9 和图 6-10 所示。

由图 6-9 可知,1 号交岔点在分层支护下相较裸巷和原支护条件下,其围岩的完整性较好,在 2.0 m 范围以内围岩基本无破坏。其中,巷道顶板、帮部、底角和底板处围岩,其松动圈中破裂范围分别为 1.7 m、1.0 m、1.2 m、2.2 m。

由图 6-10 可知,2 号交岔点在分层支护下相较裸巷和原支护条件下,其围岩的强度提高明显,围岩完整性较好,在 2.5 m 范围内围岩基本无破坏。其中,巷道顶板、拱肩、帮部和底板处围岩,其松动圈中破裂范围分别为 2.5 m、2.2 m、1.1 m、2.0 m。

图 6-8　钻孔窥视现场施工图

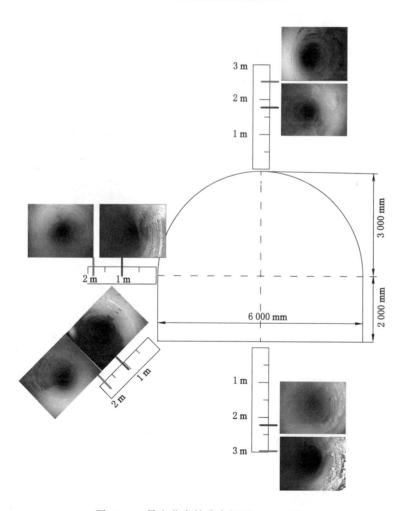

图 6-9　1号交岔点钻孔窥视图(1.5 m 范围)

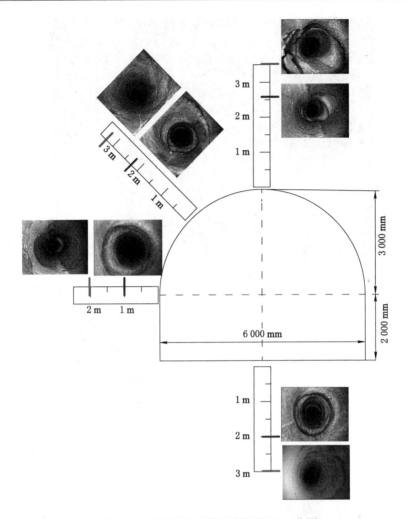

图 6-10　2号交岔点钻孔窥视图（2 m 范围）

7 结论和创新点以及展望

7.1 结 论

本书以我国两淮矿区典型的千米深部巷道为工程背景,采用岩石力学试验、数值仿真技术、理论研究和巷道模型试验以及现场实测等研究方法,获得主要结论如下:

(1) 深部巷道"强-弱-关键"耦合承载区力学承载机制研究。由原位岩石力学试验可知,岩石强度存在方向性差异,即沿巷道断面的剪切和水平方向强度较弱。基于围岩次生应力分布和强度劣化特征,提出了典型岩性巷道"强-弱-关键"耦合承载区划分方法和参考标准,可知硬岩和软岩承载区划分方法存在差异。在开挖-支护过程中,围岩耦合承载区范围变化明显。结合围岩松动圈演化规律和内-主承载区结构,可知围岩耦合承载区与围岩松动圈中破碎带和裂隙带分布吻合,数值分析掌握了耦合承载区力学特性及其对巷道稳定性影响规律,阐述了围岩"强-弱-关键"耦合承载区力学承载机制。

(2) 深部巷道"强-弱-关键"耦合承载区弹塑性力学理论研究。建立深部巷道"强-弱-关键"耦合承载区力学模型,研究耦合承载区与巷道破坏特征作用机制,发现围岩"弱-关键"承载区和"弱-强"承载区的转移,分别造成巷道塑性范围扩大、塑性位移增大。其中,"弱承载区"转移,对硬岩损伤区位移和软岩的破裂区位移、软化区范围影响明显。研究耦合承载区稳定性影响因素时,发现支护、埋深对硬岩承载稳定性影响较大,损伤因子和锚杆间排距对其"关键承载区"有影响。软岩巷道受预紧力、开挖"面效应力"、内聚力软化模量的影响程度逐渐增大,通过减小软化模量在一定程度上限制了耦合承载区转移、减小了应力集中程度。

(3) 深部巷道"强-弱-关键"耦合承载区稳定性分层支护控制效果研究。提出巷道结构性失稳非对称分层支护控制原理,由分层支护数值分析可知,该分层支护能够控制深部巷道承载稳定性。软岩巷道分层支护主要作用是控制其后期大变形和塑性区扩展。高应力下硬岩巷道"弱承载区"对其弹塑性位移影响较大,一旦该承载区范围扩大将导致硬岩巷道结构失稳,此时分层支护主要是控制"弱承载区"稳定性。分层支护相较原支护方案,在提高承载区的承载能力和减小破碎区或裂隙区范围等方面效果更好,特别是能够减小软岩巷道塑性区范围和加固围岩破裂区,进而能够防止深部巷道发生非对称结构性失稳。

(4) 高水平应力下分层支护巷道力学模型试验研究,可知:分层支护明显减小了高水平应力的不利影响,如限制高水平应力下承载区转移、承载范围扩大等趋势,提高围岩承载能力和改善其塑性扩展,特别是限制了软岩巷道承载区的大范围转移,提高其承载能力,但硬岩"弱承载区"不易被加固。无支护时,软岩巷道耦合承载区的承载范围、承载能力受水平应力影响明显,硬岩巷道在高水平应力作用下呈现软岩耦合承载区特性,即承载区转移、承载能力降低明显。

高水平应力下围岩结构性破裂发展研究结果表明,裸巷由于侧压系数增大,即水平应力增加,巷道底鼓和顶板楔形冒落等围岩结构性失稳现象更加严重,帮部破裂和巷道断面收敛现象明显。分层支护能够有效避免高水平应力引起的巷道结构性失稳问题,如限制了圆形巷道断面向椭圆形断面发展趋势,以及直墙半圆拱巷道的非对称结构性失稳发展趋势。由此可知,围岩承载区非对称破坏是深部巷道结构性失稳原因,分层支护是解决该结构性失稳的有效方法。

(5)深部巷道工程实践。实测裸巷"强-弱-关键"耦合承载区结构特征,并据此设计的非对称分层支护能够控制承载区转移和范围扩大趋势,增大其承载能力。探测出围岩劣化区中具有裂隙区和破碎区,且裂隙区和破碎区范围分别与耦合承载区中"强、弱"承载区范围吻合。分层支护对于减小围岩破碎和裂隙区转移以及深部岩层移动效果较明显,可改善围岩非对称结构性失稳现象。

7.2　研究创新点

(1)提出深部典型岩性巷道"强-弱-关键"耦合承载区划分方法和参考依据,建立深部巷道耦合承载区力学模型,对比研究确立围岩耦合承载区结构划分合理性,掌握围岩耦合承载区承载范围的变化规律,分析围岩耦合承载区力学承载特性及其对巷道稳定性影响规律,阐明深部巷道耦合承载区力学承载机制。

(2)在理论研究中,考虑围岩"强-弱-关键"耦合承载区结构特征,推导围岩耦合承载区与巷道破坏特征耦合作用关系式;基于开挖卸荷效应围岩力学模型和"围岩-支护"耦合力学模型,推导耦合作用单元的平衡微分方程;考虑损伤因子中变量,求解损伤区围岩次生应力的非齐次方程。

(3)根据深部裸巷"强-弱-关键"耦合承载区结构特征,定量设计非对称结构性破坏的分层支护方法,即"弱承载区全长锚注造壳,关键承载区端头锚注,强承载区短锚索悬吊"。设计分层支护方案时,需考虑围岩耦合承载区稳定性,且避免扰动完整岩层,减少支护层数和缩小支护范围。数值模拟分析分层支护控制效果。巷道模型试验验证了分层支护对于控制高水平应力引起的巷道承载区失效、围岩非对称结构性失稳等现象的效果。

7.3　展　　望

本书对深部巷道开挖-支护工程中围岩耦合承载区结构性失稳及其分层支护进行了研究。研究中存在较多不足有待进一步完善。其中:

(1)室内试验研究时,可对照巷道开挖卸荷工程,利用三轴加载装置结合声发射、CT 等仪器,进一步研究"分级加卸载岩石宏细观力学失稳行为"和"原位岩石条件下多尺度巷道结构性失稳规律",从而给深部巷道失稳机理研究提供更加合理的围岩力学模型。

(2)对照工程实践,在理论研究中虽然引入了开挖卸荷"面效应力",支护加固"围岩-支护"耦合力学模型,以及对非圆形巷道断面的修正方法。但是,无法建立非均匀应力场下围岩塑性本构方程,导致理论计算结果与工程实际存在一定误差。

（3）提出的深部巷道结构性失稳分层支护方法，由于需要事先掌握围岩赋存（应力分布和强度劣化程度）条件，且同一断面内不同位置的支护参数不同影响了施工进度，后面将进一步优化该支护方案，使其能够在工程中广泛应用。同时对于分层支护方法的适用条件，缺乏系统性的分类。

总之，从围岩耦合承载区失稳角度阐述深埋巷道破坏机理的研究较少。分层支护设计需进一步优化，本书仅对圆形和直墙半圆拱巷道进行支护设计，没有涉及方形、椭圆形巷道。后期，将针对不同断面、不同围岩赋存条件，提出其分层支护的适用条件和方法。

参 考 文 献

[1] 孟令茹,钱永坤,黄福臣.我国工业部门煤炭消耗的定量分析[J].煤炭经济研究,2007,27(9):41-44.

[2] 何满潮.深部开采工程岩石力学的现状及其发展[C]//中国岩石学与工程学会.第八届全国岩石力学与工程学术大会论文集.北京:科学出版社,2004:88-94.

[3] 何满潮,谢和平,彭苏萍,等.深部开采岩体力学研究[J].岩石力学与工程学报,2005,24(16):2803-2813.

[4] 中煤协.2020年全国煤炭需求总量将在48亿吨左右[EB/OL].(2014-01-16)[2017-05-20].http://energy.people.com.cn/n/2014/0116/c71661-24141092.html.

[5] 付国彬,姜志方.深井巷道矿山压力控制[M].徐州:中国矿业大学出版社,1996.

[6] 史元伟.国内外煤矿深部开采岩层控制技术[M].北京:煤炭工业出版社,2009.

[7] 何满潮,钱七虎.深部岩体力学基础[M].北京:科学出版社,2010.

[8] 中国煤炭工业协会.煤矿深部开采技术现状[R].中国煤炭工业协会,2013.

[9] 李德忠,夏新川,韩家根,等.深部矿井开采技术[M].徐州:中国矿业大学出版社,2005.

[10] MA N J,HOU C J. A research into plastic-zone of surrounding strata of gateway affected by mining abutment stress[C]//Proceeding of the 31st US Symposium,1990.

[11] 侯朝炯,郭励生,勾攀峰.煤巷锚杆支护[M].徐州:中国矿业大学出版社,1999.

[12] 彭瑞,孟祥瑞,赵光明,等.深部圆巷耦合支承层"时-空"一体化演化规律研究[J].采矿与安全工程学报,2016,33(5):779-786.

[13] 乔丽苹,刘杰,李术才,等.地下工程开挖面空间效应特征研究及应用[J].岩土力学,2014,35(增2):481-487.

[14] SENENT S,MOLLON G,JIMENEZ R. Tunnel face stability in heavily fractured rock masses that follow the Hoek-Brown failure criterion[J]. International Journal of Rock Mechanics and Mining Sciences,2013,60:440-451.

[15] 董方庭,宋宏伟,郭志宏,等.巷道围岩松动圈支护理论[J].煤炭学报,1994(1):21-32.

[16] DONG F T,GUO Z H,LAN B. The Theory of Supporting broken zone in surrounding rock [J].Journal of China University of Mining and Technology,1991(1):66-73.

[17] 陈建功,贺虎,张永兴.巷道围岩松动圈形成机理的动静力学解析[J].岩土工程学报,2011,33(12):1964-1968.

[18] 孟波,靖洪文,朱谭谭.西部侏罗系软岩巷道松动圈演化机理模型试验[J].中国矿业大学学报,2014,43(6):1003-1010,1037.

[19] 黄锋,朱合华,李秋实,等.隧道围岩松动圈的现场测试与理论分析[J].岩土力学,

2016,37(增 1):145-150.

[20] 康红普.巷道围岩的承载圈分析[J].岩土力学,1996,17(4):84-89.

[21] 康红普.巷道围岩的关键圈理论[J].力学与实践,1997,19(1):35-37.

[22] 方祖烈.拉压域特征及强次支承层的维护理论[C]//佚名.世纪之交软岩工程技术现状与展望.北京:煤炭工业出版社,1999.

[23] 李树清.深部煤巷围岩控制内、外承载结构耦合稳定原理的研究[D].长沙:中南大学,2008.

[24] 李树清,王卫军,潘长良.深部巷道围岩支承层的数值分析[J].岩土工程学报,2006,28(3):377-381.

[25] 余伟健,高谦,朱川曲.深部软弱围岩叠加拱支承层强度理论研究及应用[J].岩石力学与工程学报,2010,29(10):2134-2142.

[26] 赵光明,张小波,王超,等.软弱破碎巷道围岩深浅承载结构力学分析及数值模拟[J].煤炭学报,2016,41(7):1632-1642.

[27] 杨本生,贾永丰,孙利辉,等.高水平应力巷道连续"双壳"治理底臌实验研究[J].煤炭学报,2014,39(8):1504-1510.

[28] 杨本生,高斌,孙利辉,等.深井软岩巷道连续"双壳"治理底鼓机理与技术[J].采矿与安全工程学报,2014,31(4):587-592.

[29] YU M H. Twin shear stress yield criterion[J]. International Journal of Mechanical Sciences,1983,25(1):71-74.

[30] MOHR O. Welche umstände bedingen die elastizitätsgrenze und den bruch eines materials[J]. Zeitschrift des Vereines Deutscher Ingenieure,1900,46(1524-1530):1572-1577.

[31] HOEK E,BROWN E T. Underground excavations in rock[M]. [S. l. :s. n.],1980.

[32] 俞茂宏,彭一江.强度理论百年总结[J].力学进展,2004,34(4):529-560.

[33] 郑颖人.岩土塑性力学原理:广义塑性力学[M].北京:中国建筑工业出版社,2002.

[34] 俞茂宏.岩土类材料的统一强度理论及其应用[J].岩土工程学报,1994,16(2):1-10.

[35] 袁文伯,陈进.软化岩层中巷道的塑性区与破碎区分析[J].煤炭学报,1986,11(3):77-86.

[36] 马念杰,张益东.圆形巷道围岩变形压力新解法[J].岩石力学与工程学报,1996,15(1):84-89.

[37] 付国彬.巷道围岩破裂范围与位移的新研究[J].煤炭学报,1995,20(3):304-310.

[38] 潘岳,王志强,王在泉.非线性硬化与软化的巷道围岩应力分布与工况研究[J].岩石力学与工程学报,2006,25(7):1343-1351.

[39] 潘岳,王志强,吴敏应.非线性硬化与非线性软化的巷、隧道围岩塑性分析[J].岩土力学,2006,27(7):1038-1042.

[40] 范文,俞茂宏,陈立伟,等.考虑剪胀及软化的洞室围岩弹塑性分析的统一解[J].岩石力学与工程学报,2004,23(19):3213-3220.

[41] 姚国圣,李镜培,谷拴成.考虑岩体扩容和塑性软化的软岩巷道变形解析[J].岩土力学,2009,30(2):463-467.

［42］PARK K H，TONTAVANICH B，LEE J G. A simple procedure for ground response curve of circular tunnel in elastic-strain softening rock masses［J］. Tunnelling and Underground Space Technology，2008，23(2)：151-159.

［43］YANG X L，HUANG F. Influences of strain softening and seepage on elastic and plastic solutions of circular openings in nonlinear rock masses［J］. Journal of Central South University of Technology，2010，17(3)：621-627.

［44］PARK K H，KIM Y J. Analytical solution for a circular opening in an elastic-brittle-plastic rock［J］. International Journal of Rock Mechanics and Mining Sciences，2006，43(4)：616-622.

［45］李忠华，官福海，潘一山. 基于损伤理论的圆形巷道围岩应力场分析［J］. 岩土力学，2004，25(增2)：160-163.

［46］张小波，赵光明，孟祥瑞，等. 考虑非线性脆性损伤和中间主应力影响的圆形巷道围岩分析［J］. 煤炭学报，2014，39(增刊2)：339-346.

［47］蔡美峰. 岩石力学与工程［M］. 北京：科学出版社，2002.

［48］于学馥. 地下工程围岩稳定分析［M］. 北京：煤炭工业出版社，1983.

［49］卡斯特奈. 隧道与坑道静力学［M］. 同济大学《隧道与坑道静力学》翻译组，译. 上海：上海科学技术出版社，1980.

［50］崔岚，郑俊杰，章荣军，等. 弹塑性软化模型下隧洞围岩变形与支护压力分析［J］. 岩土力学，2014，35(3)：717-722.

［51］万志军，周楚良，马文顶，等. 巷道/隧道围岩非线性流变数学力学模型及其初步应用［J］. 岩石力学与工程学报，2005，24(5)：761-767.

［52］陈立伟，彭建兵，范文，等. 基于统一强度理论的非均匀应力场圆形巷道围岩塑性区分析［J］. 煤炭学报，2007，32(1)：20-23.

［53］潘阳，赵光明，孟祥瑞. 非均匀应力场下巷道围岩弹塑性分析［J］. 煤炭学报，2011，36(增刊1)：53-57.

［54］张小波，赵光明，孟祥瑞. 基于岩石非线性统一强度准则的非均匀应力场中圆形巷道围岩塑性区分析［J］. 安全与环境学报，2013，13(3)：202-206.

［55］彭瑞，赵光明，孟祥瑞. 基于D-P准则的非均匀应力场受扰动轴对称巷道安全性分析［J］. 中国安全科学学报，2014，24(1)：103-108.

［56］侯公羽，牛晓松. 基于Levy-Mises本构关系及Hoek-Brown屈服准则的轴对称圆巷理想弹塑性解［J］. 岩石力学与工程学报，2010，29(4)：765-777.

［57］侯公羽，牛晓松. 基于Levy-Mises本构关系及D-P屈服准则的轴对称圆巷理想弹塑性解［J］. 岩土力学，2009，30(6)：1555-1562.

［58］彭瑞，孟祥瑞，赵光明，等. 基于增量型本构关系的深埋巷道开挖面附近围岩统一解［J］. 中国矿业大学学报，2015，44(3)：444-452.

［59］孙钧. 岩石流变力学及其工程应用研究的若干进展［J］. 岩石力学与工程学报，2007，26(6)：1081-1106.

［60］齐明山，徐正良，崔勤，等. 厦门海底隧道围岩流变特性及其特征曲线［J］. 岩土力学，2007，28(增1)：493-496.

[61] 赵旭峰,孙钧.海底隧道风化花岗岩流变试验研究[J].岩土力学,2010,31(2):403-406.

[62] 曹文贵,赵衡,张永杰,等.考虑体积变化影响的岩石应变软硬化损伤本构模型及参数确定方法[J].岩土力学,2011,32(3):647-654.

[63] 梁正召,杨天鸿,唐春安,等.非均匀性岩石破坏过程的三维损伤软化模型与数值模拟[J].岩土工程学报,2005,27(12):1447-1452.

[64] 常聚才,谢广祥.深部巷道围岩力学特征及其稳定性控制[J].煤炭学报,2009,34(7):881-886.

[65] 谢广祥,杨科,常聚才.综放回采巷道围岩力学特征实测研究[J].中国矿业大学学报,2006,35(1):94-98.

[66] 杨科,谢广祥,常聚才.不同采厚围岩力学特征的相似模拟实验研究[J].煤炭学报,2009,34(11):1446-1450.

[67] 谢广祥.采高对工作面及围岩应力壳的力学特征影响[J].煤炭学报,2006,31(1):6-10.

[68] 谢广祥,常聚才,华心祝.开采速度对综放面围岩力学特征影响研究[J].岩土工程学报,2007,29(7):963-967.

[69] 王金安,焦申华,谢广祥.综放工作面开采速率对围岩应力环境影响的研究[J].岩石力学与工程学报,2006,25(6):1118-1124.

[70] ZHANG Q,JIANG B S,LV H J. Analytical solution for a circular opening in a rock mass obeying a three-stage stress-strain curve [J]. International Journal of Rock Mechanics and Mining Sciences,2016,86:16-22.

[71] ZAREIFARD M R, FAHIMIFAR A. Analytical solutions for the stresses and deformations of deep tunnels in an elastic-brittle-plastic rock mass considering the damaged zone[J]. Tunnelling and Underground Space Technology,2016,58:186-196.

[72] 赵光明,孙向阳,孟祥瑞.考虑软岩线性硬化、软化和残余强度的圆形巷道围岩分析理论研究[C]//第四届全国煤炭工业生产一线青年技术创新文集,2019.

[73] 王渭明,赵增辉,王磊.考虑刚度和强度劣化时弱胶结软岩巷道围岩的弹塑性损伤分析[J].采矿与安全工程学报,2013,30(5):679-685.

[74] KHALEDI K, MAHMOUDI E, DATCHEVA M, et al. Sensitivity analysis and parameter identification of a time dependent constitutive model for rock salt[J]. Journal of Computational and Applied Mathematics,2016,293:128-138.

[75] LI H Z, XIONG G D, ZHAO G P. An elasto-plastic constitutive model for soft rock considering mobilization of strength[J]. Transactions of Nonferrous Metals Society of China,2016,26(3):822-834.

[76] 王明年,郭军,罗禄森,等.高速铁路大断面深埋黄土隧道围岩压力计算方法[J].中国铁道科学,2009,30(5):53-58.

[77] 姜耀东,刘文岗,赵毅鑫,等.开滦矿区深部开采中巷道围岩稳定性研究[J].岩石力学与工程学报,2005,24(11):1857-1862.

[78] 陆银龙,王连国,杨峰,等.软弱岩石峰后应变软化力学特性研究[J].岩石力学与工程

学报,2010,29(3):640-648.

[79] BROWN E T,BRAY J W. Rock-support interaction calculations for pressure shafts and tunnels[C]//ISRM Symposium,Aachen,1982.

[80] CHENG Y M. Modified kastner formula for cylindrical cavity contraction in Mohr-Coulomb medium for circular tunnel in isotropic medium[J]. Journal of Mechanics, 2012,28(1):163-169.

[81] FAHIMIFAR A,ZAREIFARD M R. A new elasto-plastic solution for analysis of underwater tunnels considering strain-dependent permeability[J]. Structure and Infrastructure Engineering,2014,10(11):1432-1450.

[82] 沈明荣,陈建峰.岩体力学[M].上海:同济大学出版社,2006.

[83] 何满潮.软岩工程力学[M].北京:科学出版社,2002.

[84] 冯卫星,徐明新.铁路隧道新奥法施工新实践[J].岩石力学与工程学报,2001,20(4): 524-526.

[85] 田永山.软泥岩巷道矿压机理的相似模拟探讨[J].阜新矿业学院学报,1987,6(4): 15-25.

[86] 惠功领,宋锦虎,靖洪文.基于围岩渐进破坏的深部巷道承载结构演化分析[J].金属矿山,2011(5):44-48.

[87] 孙晓明,杨军,曹伍富.深部回采巷道锚网索耦合支护时空作用规律研究[J].岩石力学与工程学报,2007,26(5):895-900.

[88] 孙晓明,何满潮.深部开采软岩巷道耦合支护数值模拟研究[J].中国矿业大学学报, 2005,34(2):166-169.

[89] 王连国,缪协兴,董健涛,等.深部软岩巷道锚注支护数值模拟研究[J].岩土力学, 2005,26(6):983-985.

[90] 孙玉福.水平应力对巷道围岩稳定性的影响[J].煤炭学报,2010,35(6):891-895.

[91] MENG Q B,HAN L J,XIAO Y,et al. Numerical simulation study of the failure evolution process and failure mode of surrounding rock in deep soft rock roadways [J]. International Journal of Mining Science and Technology,2016,26(2):209-221.

[92] 张益东.锚固复合承载体承载特性研究及在巷道锚杆支护设计中的应用[D].徐州:中国矿业大学,2013.

[93] CHENG L,ZHANG Y D,JI M,et al. Experimental studies on the effects of bolt parameters on the bearing characteristics of reinforced rock[J]. Springer Plus,2016, 5(1):1-15.

[94] 勾攀峰,张振普,韦四江.不同水平应力作用下巷道围岩破坏特征的物理模拟试验[J]. 煤炭学报,2009,34(10):1328-1332.

[95] 张明建,镐振,部进海,等.不同水平应力作用下巷道围岩破坏特征研究[J].煤炭科学技术,2014,42(3):4-7.

[96] KANG H P,LIN J,FAN M J. Investigation on support pattern of a coal mine roadway within soft rocks:a case study[J]. International Journal of Coal Geology, 2015,140:31-40.

[97] 靖洪文,李元海,梁军起,等. 钻孔摄像测试围岩松动圈的机理与实践[J]. 中国矿业大学学报,2009,38(5):645-649,669.

[98] 康红普,司林坡,苏波. 煤岩体钻孔结构观测方法及应用[J]. 煤炭学报,2010,35(12):1949-1956.

[99] 张农,王保贵,郑西贵,等. 千米深井软岩巷道二次支护中的注浆加固效果分析[J]. 煤炭科学技术,2010,38(5):34-38,46.

[100] 李玉文,王书刚,孙利辉,等. 松动圈测试在陶二矿扩大区巷道支护中的应用[J]. 煤炭科学技术,2007,35(8):43-44.

[101] 曹平,陈冲,张科,等. 金川矿山深部巷道围岩松动圈厚度测试与分析[J]. 中南大学学报(自然科学版),2014,45(8):2839-2844.

[102] 柳厚祥,方风华. 预埋式多点位移计现场确定围岩松动圈的方法研究[J]. 矿冶工程,2006,26(1):1-4.

[103] 郭亮,李俊才,张志铖,等. 地质雷达探测偏压隧道围岩松动圈的研究与应用[J]. 岩石力学与工程学报,2011,30(增1):3009-3015.

[104] 伍永平,翟锦,解盘石,等. 基于地质雷达探测技术的巷道围岩松动圈测定[J]. 煤炭科学技术,2013,41(3):32-34.

[105] 徐坤,王志杰,孟祥磊,等. 深埋隧道围岩松动圈探测技术研究与数值模拟分析[J]. 岩土力学,2013,34(增2):464-470.

[106] 高明仕,郭春生,李江锋,等. 厚层松软复合顶板煤巷梯次支护力学原理及应用[J]. 中国矿业大学学报,2011,40(3):333-338.

[107] 黄跃东,刘同海,江崇涛,等. 鸡西矿区软弱半煤岩巷特厚复合顶板支护[J]. 煤炭科学技术,2005,33(6):31-33.

[108] 柏建彪,侯朝炯,杜木民,等. 复合顶板极软煤层巷道锚杆支护技术研究[J]. 岩石力学与工程学报,2001,20(1):53-56.

[109] 姚强岭,李学华,瞿群迪,等. 泥岩顶板巷道遇水冒顶机理与支护对策分析[J]. 采矿与安全工程学报,2011,28(1):28-33.

[110] 苏学贵,宋选民,李浩春,等. 特厚松软复合顶板巷道拱-梁耦合支护结构的构建及应用研究[J]. 岩石力学与工程学报,2014,33(9):1828-1836.

[111] KANG H P. Support technologies for deep and complex roadways in underground coal mines:a review[J]. International Journal of Coal Science and Technology,2014,1(3):261-277.

[112] 康红普,林健,吴拥政,等. 锚杆构件力学性能及匹配性[J]. 煤炭学报,2015,40(1):11-23.

[113] 张农,李宝玉,李桂臣,等. 薄层状煤岩体中巷道的不均匀破坏及封闭支护[J]. 采矿与安全工程学报,2013,30(1):1-6.

[114] 李桂臣,张农,王成,等. 高地应力巷道断面形状优化数值模拟研究[J]. 中国矿业大学学报,2010,39(5):652-658.

[115] 柏建彪,李文峰,王襄禹,等. 采动巷道底鼓机理与控制技术[J]. 采矿与安全工程学报,2011,28(1):1-5.

[116] 康红普,陆士良. 巷道底鼓机理的分析[J]. 岩石力学与工程学报,1991,10(4): 362-373.

[117] 孙玉宁,周鸿超,周建荣,等. 半煤岩软底巷道底鼓控制技术[J]. 采矿与安全工程学报,2007,24(3):340-344.

[118] 汪健民. 反悬拱锚注支护在软岩巷道底鼓整修中应用[J]. 煤炭科学技术,2011, 39(12):23-24.

[119] 伍永平,于水,高喜才,等. 深部软岩煤巷底鼓控制技术[J]. 煤炭科学技术,2012, 40(6):5-7,65.

[120] 李和志,贺建清,赵永清,等. 防止软岩巷道底鼓的水平锚杆支护参数确定方法[J]. 矿冶工程,2015,35(5):10-13.

[121] 刘泉声,肖虎,卢兴利,等. 高地应力破碎软岩巷道底臌特性及综合控制对策研究[J]. 岩土力学,2012,33(6):1703-1710.

[122] 孔恒,马念杰,王梦恕,等. 基于顶板离层监测的锚固巷道稳定性控制[J]. 中国安全科学学报,2002,12(3):55-58.

[123] 何满潮,袁越,王晓雷,等. 新疆中生代复合型软岩大变形控制技术及其应用[J]. 岩石力学与工程学报,2013,32(3):433-441.

[124] 侯朝炯,勾攀峰. 巷道锚杆支护围岩强度强化机理研究[J]. 岩石力学与工程学报, 2000,19(3):342-345.

[125] 彭瑞,孟祥瑞,赵光明,等. 不同岩性岩石声发射地应力测试及其应用[J]. 中南大学学报,2015,46(5):20-28.

[126] 彭瑞,孟祥瑞,赵华安,等. 一种实验室钻取岩样的辅助装置:CN203745229U[P]. 2014-07-30.

[127] 赵光明,彭瑞,董春亮,等. 一种地应力测试二次定角度取芯装置:CN203572682U [P]. 2014-04-30.

[128] 孟祥瑞,彭瑞,赵光明,等. 深井软岩巷道声发射地应力测试及变形失稳机理[J]. 煤炭学报,2016,41(5):1078-1086.

[129] MANTHEI G. Characterization of acoustic emission sources in a rock salt specimen under triaxial compression[J]. Bulletin of the Seismological Society of America, 2005,95(5):1674-1700.

[130] SHKURATNIK V L,FILIMONOV Y L,KUCHURIN S V. Features of the Kaiser effect in coal specimens at different stages of the triaxial axisymmetric deformation [J]. Journal of Mining Science,2007,43(1):1-7.

[131] ZHAO K. Advances in Kaiser effect of rock acoustic emission based on wavelet analysis[C]//PSU-UNS International Conference on Engineering and Environment-ICEE-2007,2007.

[132] KO W C,YU C W. Study of Kaiser effect in concrete material under cyclic loading [C]//Proceedings of IAES,2008.